FUNDAMENTOS DE CIENCIAS INFORMÁTICAS

PARA EL ABORDAJE DE LA PROGRAMACIÓN

Fundamentos de ciencias informáticas para el abordaje de la programación
© 2021 BAHIT & BAHIT LTD

ISBN: 978-1-8381901-4-9
e-ISBN: 978-1-8381901-5-6

Publicado en Reino Unido por EBRC Publisher
71-75 Shelton Street, Covent Garden, London, WC2H 9JQ

Editora: Eugenia Bahit

Diseño interior: EBRC Publisher

*A mis queridas y queridos lectores
que día a día iluminan mis días con
sus gestos de afecto*

ÍNDICE DE CONTENIDOS

SEGUNDA PARTE
FUNCIONAMIENTO DE LOS ORDENADORES
Y PROCESAMIENTO DE LA INFORMACIÓN

TERCERA PARTE
INFORMÁTICA APLICADA

ACERCA DE ESTE LIBRO

Es habitual que se crea que la programación es la acción de escribir el código fuente de un programa informático. Esta creencia se encuentra ampliamente difundida, pero se trata de una afirmación errónea. La acción de escribir el código fuente de un programa informático, se denomina codificar. La acción de programar implica *diseñar la solución para un problema específico y finalmente, codificarla*. Es por ello que **para programar, no basta con saber escribir código fuente**.

A lo largo de las siguientes páginas se explicará en detalle qué implica aprender a programar, y cómo la estructura de esta serie *«Fundamentos de Ciencias Informáticas para el abordaje de la programación»*, propone alcanzar los saberes necesarios para lograrlo, en sus dos libros.

¿Qué se necesita saber para aprender a programar?

Antes de comenzar es preciso saber qué implica programar para luego ir bifurcando el conocimiento hasta abarcar todo aquello que resulte necesario.

Se puede afirmar que **programar implica siete saberes**:

1. Saber cómo **exponer** un problema.

2. Saber cómo **analizar** el problema expuesto e interpretarlo.

3. Saber cómo **identificar** la solución más apropiada.

4. Saber cómo **diseñar** dicha solución.

5. Saber cómo **desarrollar** la solución diseñada.

6. Saber cómo **probar** la solución desarrollada.

7. Saber cómo **implementar** la solución desarrollada de forma tal que resuelva efectivamente el problema.

Cada uno de estos siete saberes se logra abordando una o más áreas de estudio de las ciencias informáticas y de las matemáticas, pues efectivamente, las matemáticas son necesarias para programar, dado que la informática es una ciencia que derivada de ella.

La tabla 1 resume las áreas de conocimiento que son necesarias abordar, según el saber que se desee alcanzar. Cada área de conocimiento así como su importancia para la programación, serán explicadas de forma separada. Como se podrá observar, la lógica es un área de conocimiento recurrente de la que no se puede prescindir.

Tabla 1: *Áreas de conocimiento implicadas en la programación*

SABER	ÁREAS DE CONOCIMIENTO
PLANTEO DEL PROBLEMA	1. Lógica. 2. Gramática del lenguaje natural.
ANÁLISIS DEL PROBLEMA[1]	1. Lógica. 2. Comprensión de texto.
IDENTIFICACIÓN DE LA SOLUCIÓN	1. Lógica. 2. Conocimientos generales del funcionamiento de los sistemas informáticos. 3. Conocimientos específicos (ej: funcionamiento del sistema operativo, funcionamiento de un servidor Web, protocolos de comunicaciones, entre otros).
DISEÑO DE LA SOLUCIÓN	1. Lógica. 2. Análisis y diseño de algoritmos. 3. Estructuras de datos. 4. Álgebra de conjuntos. 5. Álgebra booleana. 6. Conocimientos generales de la plataforma sobre la cual se ejecutará el programa. 7. Conocimientos generales de arquitectura de software. 8. Conocimientos generales de Ingeniería de Software.
DESARROLLO DE LA SOLUCIÓN	1. Lógica. 2. Álgebra. 3. Lenguajes formales.

---

1   Dado que los problemas que las ciencias informáticas se proponen resolver se encuentran arraigados a la cuestión humana, la empatía es también un saber intrínseco, pues una gran parte de las veces (si no todas), los problemas se plantean desde lo humano y desde el sentimiento (por lo general, de frustración) que estos generan en quien los relata, y no desde la razón. Es entonces tarea de quien analiza el problema, comprender qué es realmente lo que impide a quien lo relata, alcanzar la solución. Por lo tanto, si bien la empatía es una característica muchas veces menospreciada, y otras, difícil de adquirir (como en el caso de personas con trastornos del espectro autista), hacer el esfuerzo de aprender a reconocer emociones por el uso que las personas hacen del lenguaje, es un factor imprescindible para llevar a cabo un análisis efectivo. No obstante, la empatía no se menciona en esta tabla pues no será abarcada en el libro, dado que su estudio y comprensión plena, escapan al alcance de la autora.

SABER	ÁREAS DE CONOCIMIENTO
	4. Algoritmos y estructuras de datos. 5. Conocimientos generales de la plataforma sobre la cual correrá el programa. 6. Lenguajes de programación y paradigmas. 7. Bases de datos y otros sistemas de almacenamiento.
PRUEBAS	1. Lógica. 2. Lenguajes formales. 3. Lenguajes de programación. 4. Técnica de programación para pruebas unitarias.
IMPLEMENTACIÓN	1. Lógica. 2. Conocimientos generales de la plataforma sobre la cual correrá el programa. 3. Conocimientos específicos de las tecnologías implicadas.

Dada su aparición recurrente, la tabla 2 se centra en describir las principales utilidades que la lógica tiene para cada uno de los saberes de la tabla 1, aunque estas utilidades no se limiten únicamente a las mencionadas en esta tabla.

Tabla 2: Utilidad de la lógica aplicada a la programación

SABER	UTILIDAD DEL USO DE LA LÓGICA
PLANTEO DEL PROBLEMA	✔ Reformular problemas y/o necesidades de forma tal que puedan ser viables en un sistema informático.
ANÁLISIS DEL PROBLEMA	✔ Discriminar la información relevante de la que no lo es para el problema. ✔ Describir el problema de forma categórica, a fin de facilitar el hallazgo de una solución correcta. ✔ Hallar requerimientos implícitos deducibles a partir de las descripciones categóricas. ✔ Comprender, aislar y clasificar los términos de cada enunciado, para evitar así cometer errores de interpretación respecto al alcance de estos.

Saber	Utilidad del uso de la lógica
	✔ Organizar las premisas del problema de forma tal que cada una de ellas quede conectada por un término común con su antecesora y sucesora.
Identificación de la solución	✔ Hallar soluciones que satisfagan las necesidades reales de quien platea el problema. ✔ Identificar soluciones por medio del opuesto al problema. ✔ Evaluar la viabilidad de las soluciones planteadas.
Diseño de la solución	✔ Crear conexiones lógicas fuertes entre los sucesivos pasos de un algoritmo. ✔ Seguir un orden conexo, coherente, y organizado en el diseño (para evitar "perderse" y "enredarse" tratando de diseñar la solución del programa).
Desarrollo de la solución	✔ Identificar problemas, bien sean errores de diseño o bien, errores en el código fuente. ✔ Resolver eventuales fallos. ✔ Optimizar las operaciones en el código fuente a fin de alcanzar los mismos resultados en la menor cantidad de pasos posibles.
Pruebas	✔ Diseñar las pruebas que validen el código fuente sin margen de error. ✔ Validar las pruebas matemáticamente.
Implementación	✔ Planificar la puesta en marcha de la solución, con un orden metódico que reduzca el margen de error probable.

La utilidad de otras áreas de conocimiento tales como el *diseño y el análisis de algoritmos*, las *estructuras de datos*, los *lenguajes de programación* y los *paradigmas*, y las *bases de datos*, entre otros, es quizás más predecible que la de áreas de conocimiento relacionadas con el lenguaje natural, o con la lógica. Por ello, la utilidad de abordar el estudio del lenguaje natural y conocer su gramática en profundidad se explica a continuación.

GRAMÁTICA DEL LENGUAJE Y COMPRENSIÓN DE TEXTOS. El conocimiento del lenguaje natural parece una obviedad, y a la vez, también parece impensable que sea necesario volver a los primeros años de educación cuando estudiar gramática y análisis sintáctico parecía —y con absoluta certeza—, una pérdida de tiempo. Sin embargo, el lenguaje natural ha servido de base a los lenguajes formales, y estos, a los lenguajes de programación. De hecho, existe una teoría que sirve de base al procesamiento de la información (e incluso de los lenguajes de programación), denominada *«Teoría de los lenguajes formales»*, que ha hecho uso del lenguaje natural.

Conocer cómo se estructura **la gramática del lenguaje natural**, así como sus **elementos sintácticos** sirve de base tanto para el planteo del problema como para su análisis. Del planteo correcto del problema depende la solución adecuada. Por otra parte, del lenguaje natural se obtendrán los algoritmos y de estos, el código fuente.

La importancia del lenguaje natural en el planteo del problema y el diseño de la solución, puede comprobarse con un ejemplo sencillo.

En el siguiente caso, se presentan tres frases redactadas de tres formas diferentes, con un cambio muy sutil. Cada frase representa un evento del usuario en el sistema.

El usuario ingresa al catálogo de libros.

El usuario ingresa a su catálogos de libros.

El usuario ingresa a un catálogo de libros.

En las tres versiones, el evento (verbo) permanece inalterado (ingresar), como también el componente (catálogo de libros) y el actor (usuario). Hasta ese punto, los tres elementos necesarios para el diseño del sistema, aparentemente pueden obtenerse sin problema:

```
Actor:      usuario
Evento:     ingresar
Componente: catálogo de libros
```

Sin embargo, la forma en la que el verbo afecta al componente, tiene un significado diferente en los tres casos:

a **el** catálogo	*(al = a el)* Existe <u>un único catálogo</u> de libros en todo el software que debió haber sido mencionado con anterioridad.
a **su** catálogo	Existe un catálogo de libros para el usuario (y posiblemente, <u>un catálogo para cada usuario</u>).
a **un** catálogo	Existe <u>más de un catálogo</u> de libros en el software, al que posiblemente, cualquier usuario puede acceder.

Lo anterior, constituye un **fallo de seguridad** si no se define con exactitud la relación entre actor y componente.

En el primer y segundo caso, probablemente exista un **problema de concurrencia** que genere una **condición de carrera** que deba ser contemplada en tiempo de diseño, si se establece que cada actor puede hacer modificaciones al componente. Y, que en caso de no ser contemplada, daría lugar a una **denegación de servicio** exitosa.

En el segundo caso, existirá un **problema de seguridad** crítico, ya que se deberá contemplar en tiempo de diseño, una **restricción de acceso** a todo usuario que no sea el propietario del catálogo.

En la serie «Fundamentos de ciencias informáticas para el abordaje de la programación» no se abarcará el estudio del lenguaje natural desde la perspectiva de la lengua española (pues se lo considera un conocimiento previamente adquirido). No obstante, eventualmente se lo abordará desde su uso y aplicación en cuestiones inherentes a la programación y al diseño de software (ambos, temas contemplados en el Libro II de la serie). En este libro se hablará de los problemas de concurrencia mencionados, las condiciones de carrera, y la autenticación, entre otros.

Los saberes mencionados son abarcados a lo largo de toda la serie, incluyendo las áreas de conocimiento necesarias que serán distribuidas en dos libros de la siguiente forma:

LIBRO I   **Fundamentos de Ciencias Informáticas para el abordaje de la programación.** En este libro se abarcan las bases científicas de la informática, así como aquellos conocimientos de la ciencia aplicada que explican y fundamentan el funcionamiento de los ordenadores.

Si bien la serie se enfoca en los fundamentos científicos para el abordaje de la programación, **este primer libro puede servir de base a cualquier persona que desee acercarse profesionalmente a las ciencias informáticas con cualquier otro fin, más allá de la programación,** puesto que abarca temas que van desde la lógica, las matemáticas discretas, y la arquitectura de ordenadores, hasta la teoría de la computación, la teoría de redes, la criptografía y los sistemas operativos.

LIBRO II   **Fundamentos de Programación, Paradigmas e Ingeniería de Software.** Este libro abarca todos los aspectos inherentes a la programación, iniciando con algoritmos y estructuras de datos, hasta llegar a los lenguajes de programación, los paradigmas, la arquitectura e ingeniería de software.

PRIMERA PARTE
INFORMÁTICA TEÓRICA

Capítulo I. Lógica

La lógica, como toda área de conocimiento dentro de las matemáticas discretas, es la base de todas las ciencias. Se utiliza tanto para explicar la ciencia como para definirla, describirla, y demostrarla con argumentos sólidos.

La diferencia entre argumentar una afirmación y explicarla (o simplemente exponerla), se encuentra determinada por la contrariedad existente entre los términos *convicción* y *creencia*. Esta contrariedad es la que determina si una disciplina es o no, una disciplina científica. **La informática es una ciencia** de base formal (aunque también tiene su rama empírica), y por tanto, **se expresa, define, y demuestra a través de la lógica**.

En ciencias informáticas, la lógica, también se utiliza en la programación para determinar, analizar, y escribir el código fuente de los programas.

Introducción

La lógica es la disciplina que determina el modo correcto de razonar. Razonar de la forma correcta es lo que permitirá evitar las falacias y reconocer los sesgos cognitivos. Esto implica, en otras palabras, reconocer un porcentaje de errores de pensamiento de distinta clase. Por regla general, todo lo que parta de un error de pensamiento, conducirá a una conclusión equivocada, bien sea esta una mera afirmación o supuesto hallazgo, o bien, la solución a un problema.

Entre los elementos principales que la lógica otorga, se propone el estudio de la forma de los enunciados. Conocer y estudiar la forma de los enunciados, es lo que permitirá categorizar los componentes del enunciado, mientras que la categorización de dichos componentes, permitirá establecer la forma en la que los componentes del enunciado se relacionan entre sí. Esta relación es la que permite saber cómo los elementos de un componente se distribuyen con respecto al otro. Esto es en definitiva, lo que evitará cometer errores de distribución, es decir, abarcar más de lo que abarcan los enunciados, algo que conduciría a efectuar afirmaciones falsas.

Se describirán por lo tanto:

- los dos tipos de enunciados posibles (categóricos e hipotéticos) ;

- la forma típica de los enunciados y la distribución de los términos;

- la naturaleza formal de los silogismos como mecanismo para verificar la validez de enunciados y argumentos;

- la forma de traducir el lenguaje cotidiano en afirmaciones categóricas (válidas como premisas), para evitar errores de razonamiento en los silogismos.

Enunciados categóricos

Los enunciados categóricos son afirmaciones compuestas por dos términos, sujeto y predicado, donde la categoría del primer término, se incluye o excluye, total o parcialmente, de la categoría del segundo término.

> **No debe confundirse el sujeto y el predicado sintáctico de un enunciado con los términos sujeto y predicado de la lógica.**
>
> La lógica refiere por «términos» a una clase o categoría. Por lo tanto, los términos sujeto y predicado se encuentran dentro del sujeto y predicado sintáctico, respectivamente, pero no necesariamente son idénticos.

Forma típica de un enunciado categórico

En su forma típica, un enunciado categórico se compone de cuatro elementos: cuantificador lógico, término sujeto, verbo copulativo, y término predicado.

Cada uno de estos elementos se explican en la tabla 3 en la siguiente página.

Tabla 3: *Componentes de un enunciado categórico.*

Elemento	Descripción	Valores posibles
Cuantificador	Cuantificador lógico	Todos, algunos, ninguno
S	Término sujeto	Cualquier clase
Verbo	Verbo copulativo, cuya única función sea unir a **S** y **P**	ser, estar
P	Término predicado	Cualquier clase

```
<cuantificador> <S> <verbo> <P>
```

Los términos sujeto y predicado pueden ser cualquier categoría formada por un sustantivo, incluyendo cualquier modificador directo o indirecto.

Todos*cuantificador* los árboles del parques son*verbo* álamos*P*.

Los enunciados categóricos pueden no tener todos sus componentes de forma explícita. Por ejemplo, en este enunciado, el cuantificador lógico «todos» está implícito:

Los árboles del parque son álamos.

¿Cuántos árboles del parque son álamos? Todos.

[TODOS] los árboles del parque son álamos.

Y aquí, el sustantivo del término predicado, «árboles», también está implícito:

Todos los árboles del parque son de color azul.

¿Quiénes son de color azul? Los árboles.

Todos los árboles del parque son [ÁRBOLES] de color azul.

Y a veces, más de un componente puede estar tácito, aparecer en otro orden, o no estar el verbo copulativo:

En el desierto las arenas se mueven solas.

[TODAS] las arenas en el desierto [SON ARENAS QUE] se mueven solas.

Si bien, como se ha visto, los enunciados pueden no aparecer en una forma sintáctica explícita, sí pueden ser traducidos para encajar en dicha forma, y permitir su correcta categorización.

Los enunciados ya traducidos, pueden entonces, encontrarse en cuatro formas diferentes, divididas en dos grandes grupos:

- **Formas universales:** las que incluyen los cuantificadores lógicos *todos* y *ninguno*.

- **Formas particulares:** las que utilizan el cuantificador lógico *algunos*.

Cada uno de estos grupos, tendrá dos formas:

- Forma afirmativa

- Forma negativa

Logrando así un total de cuatro *formas típicas*.

Estas formas típicas se explican en la tabla 4 de la siguiente página.

FORMA TÍPICA			ESQUEMA
Universal	afirmativa	A	Todos los S son P.
	negativa	E	Ningún S es P.
Particular	afirmativa	I	Algunos S son P.
	negativa	O	Algunos S no son P.

Distribución

Según la forma de un enunciado (A, E, I u O) es posible establecer la relación existente entre sujeto y predicado, para determinar cómo una categoría se distribuye con respecto a otra.

> Se dice que un término está distribuido cuando se hace referencia al total de la categoría.

Por ejemplo, al decir «todos los patos» se está haciendo referencia al total de la categoría patos, mientras que si se modifica el cuantificador por «algunos», la categoría «patos» ya no estaría distribuida, porque solo se haría mención a la categoría parcial, y no total.

La distribución de los términos sujeto y predicado, según la forma del enunciado, se define en la tabla 5.

Tabla 5: *Distribución de los términos según la forma del enunciado*

FORMA TÍPICA			ESQUEMA	TÉRMINOS DISTRIBUIDOS
Universal	afirmativa	A	Todos los **S** son *P*.	S
	negativa	E	Ningún **S** es **P**.	S / P
Particular	afirmativa	I	Algunos S son P.	-
	negativa	O	Algunos S no son **P**.	P

Para entender mejor la distribución de un término con respecto al otro, a continuación se expone una explicación con ejemplos. Si no se cuenta con conocimientos básicos de teoría de conjuntos, se sugiere leer primero el tema «*Teoría de Conjuntos*» en la página 57, a fin de comprender mejor los ejemplos siguientes.

DISTRIBUCIÓN DEL SUJETO EN LA FORMA «A»

Pártase de la afirmación «*Todo A es B*». Si se tienen dos conjuntos, A y B, se necesita conocer el total de los elementos del conjunto A, pero basta con conocer aquellos elementos del conjunto B que forman parte de la intersección con A. Es decir, basta con conocer $A \cap B$. El resto de elementos de B, es desconocido. Por tanto, se hace referencia a todos los A, pero solo a algunos de los B.

DISTRIBUCIÓN DEL SUJETO Y EL PREDICADO EN LA FORMA «E»

Pártase de la afirmación «*Ningún A es B*». Si se tienen dos conjuntos, A y B, se necesita conocer el total de los elementos del conjunto A así como el total de los elementos del conjunto B, para afirmar que ningún A está incluido en B. Si se desconociese el total de elementos del conjunto B, sería imposible determinar que el total de los elementos de A es distinto que todos los elementos de B , pues los B desconocidos podrían ser elementos de A . Por tanto, necesariamente, se hace referencia al total de elementos de ambos conjuntos.

DISTRIBUCIÓN DEL PREDICADO EN LA FORMA «O»

Pártase de la afirmación «*Algunos A no son B*». Si se tienen dos conjuntos, A y B , se necesita conocer el total de los elementos del conjunto B , para afirmar que los A elegidos no están incluidos en B . Si se desconociese el total de elementos del conjunto B , sería imposible determinar que los A elegidos no están incluidos en B , pues los B desconocidos podrían ser elementos de A . Por tanto, necesariamente, se hace referencia al total de elementos del conjunto B .

NO DISTRIBUCIÓN DEL SUJETO NI DEL PREDICADO EN LA FORMA «I»

Pártase de la afirmación «*Algunos A son B*». Si se tienen dos conjuntos, A y B , se necesita conocer solo algunos de los elementos de A y algunos de los elementos de B para afirmar que unos están incluidos en los otros. Así, es posible desconocer el resto de ambos conjuntos y la afirmación continuaría siendo verdadera.

Enunciados categóricos compuestos

Los enunciados categóricos compuestos, son enunciados categóricos simples concatenados, que pueden surgir a partir de una traducción del lenguaje cotidiano. «Algunas manzanas son rojas y otras son verdes» es la conjunción de «algunas manzanas son manzanas rojas» y «algunas manzanas son manzanas verdes». La composición de enunciados concatenados por la conjunción «y» da origen a los denominados *enunciados conjuntivos*.

La misma conjunción, aunque implícita, se da con los *enunciados exceptivos* (que hacen excepciones), cuyos cuantificadores no son lógicos, como sucede en «todas las manzanas son rojas excepto las verdes», que sería equivalente al ejemplo planteado en el párrafo anterior.

Otros enunciados categóricos compuestos, son los *enunciados disyuntivos*. Estos enunciados plantean opciones exclusivas, como en «las manzanas son o bien rojas, o bien verdes» (pero no pueden ser rojas y verdes al mismo tiempo), o inclusivas, como «el cajón de manzanas es un cajón de manzanas rojas o verdes, o ambas».

Los *enunciados disyuntivos exclusivos* plantean dos o más opciones de las cuáles solo una puede ser verdadera, mientras que los *enunciados disyuntivos inclusivos* plantean dos o más opciones, más una combinación de éstas, donde una más de las mismas puede ser verdadera.

Para ejemplificarlo, suponiendo que «a» y «b» sean dos variables, serían verdaderos:

- Enunciado conjuntivo: `(a AND b)`.

- Enunciado disyuntivo exclusivo:

  `(a OR b) AND NOT (a AND b)`.

- Enunciado disyuntivo inclusivo: `(a OR b) OR (a AND b)`.

En el conjuntivo, tanto «a» como «b» deben ser verdaderas. En el disyuntivo exclusivo, «a» o «b» deben ser verdaderas pero no ambas, y en el disyuntivo inclusivo, «a», «b» o ambas, deben ser verdaderas.

Enunciados hipotéticos

Los enunciados hipotéticos son enunciados condicionales, es decir que afirman una consecuencia que se cumple toda vez que una condición sea verdadera.

Si <condición> entonces <consecuencia>.

Los enunciados hipotéticos son, hoy en día, la base del método científico en las ciencias fácticas. Por otro lado, son el componente principal de las estructuras de control condicional de los lenguajes de programación.

La condición de un enunciado hipotético es un antecedente que, de ser verdadero, su consecuencia será indudablemente verdadera.

> *U n enunciado hipotético predice consecuencias que se cumplen frente a ciertas condiciones.*

Un ejemplo de enunciado hipotético puede verse como el siguiente:

Si el valor aportado por el usuario no es un número real mayor que 0.01, entonces un mensaje de error es generado por el sistema.

El enunciado anterior afirma que:

- Cuando algo (un valor)

- NO es el esperado (mayor que 0.01)

- Entonces, se lanza un evento (mensaje de error)

Pero de ningún modo afirma que si se lanza un evento (mensaje de error) es porque algo (un valor), NO ha sido el esperado (mayor que 0.01). Esto es debido a que las consecuencias son producto de una condición, que podría no ser la condición conocida (por ejemplo, un mensaje de error podría ser lanzado por cualquier motivo diferente al evaluado).

Diferencia entre enunciado hipotético y enunciado bicondicional

Mientras que el enunciado hipotético es de la forma «si p entonces q», un enunciado bicondicional, es el que lleva la forma «p sí, y solo si q».

Cuando se dice «si p entonces q», es equivalente a decir que «si p es verdadera, q también lo es». Pero no podría decirse que si q es verdadera, p también lo sea, porque se incurriría en la *falacia de afirmar el consecuente*[2].

Sin embargo, al decir «p sí y solo si q», equivale a decir que «p es verdadera si q es verdadera». Por lo tanto, «si q (es verdadera) entonces p (es verdadera), y p (es verdadera) si q (es verdadera)». El «sí y solo sí» indica *bicondicionalidad*.

Función de verdad

En los enunciados compuestos el valor de verdad está determinado por los valores de verdad de sus enunciados componentes. Cuando un enunciado compuesto cuyo valor de verdad pueda determinarse absolutamente por el valor de verdad de sus enunciados componentes, se denomina *función de verdad*.

---

2   Esta falacia se explica en la página 44.

Función de verdad en enunciados conjuntivos

El valor de verdad de un enunciado conjunto está dado por el valor de verdad de todos sus enunciados componentes. Esto implica que todos sus componentes deben ser verdaderos para que el enunciado sea función de verdad. Para "A y B", "A" debe ser verdadero y "B" debe ser verdadero para que la conjunción "A y B" también lo sea.

Función de verdad en enunciados disyuntivos exclusivos

El valor de verdad de un enunciado disyuntivo exclusivo estará dado por el valor de verdad de uno solo de sus enunciados componentes. Para "A o B (pero no ambos)", "A" debería ser verdadero y "B" falso o "B" verdadero y "A" falso, para que "A o B (pero no ambos)" sea verdadero.

Función de verdad en enunciados disyuntivos inclusivos

El valor de verdad de un enunciado disyuntivo inclusivo estará dado por el valor de verdad de al menos uno de sus enunciados componentes, es decir, que bastará con que uno de sus componentes sea verdadero para que el enunciado lo sea. Sin embargo, también será función de verdad si todos sus componentes son verdaderos. Para "A o B (o ambos)", será verdadero si "A" y "B" son verdaderos, si "A" es verdaderos y "B" falso o si "B" es verdadero y "A" falso.

Función de verdad en enunciados hipotéticos

El valor de verdad de un enunciado hipotético estará dado por el valor de verdad del antecedente y también del consecuente. Esto significa que ningún enunciado hipotético con consecuente falso puede ser verdadero. Para "A entonces B", será verdadero solo si "A" es verdadero y "B" es verdadero.

Silogismos

Un silogismo es un razonamiento deductivo en el que a partir de dos premisas, se infiere una conclusión.

Silogismo categórico

El *silogismo categórico* es aquel que emplea tres proposiciones categóricas, dos de ellas como premisa y la tercera, como conclusión.

Términos de un silogismo

A lo largo de un silogismo categórico, pueden encontrarse tres **términos**: menor, mayor, y medio, tal como se explica en la tabla 6.

Tabla 6: *Términos de un silogismo*

Término	Abreviación	Descripción
Término menor	S	Aparece en el término sujeto de la conclusión
Término mayor	P	Aparece en el término predicado de la conclusión
Término medio	M	Aparece en las dos premisas pero no en la conclusión

La conclusión siempre contendrá en el término sujeto, al término menor (S), y en el término predicado, al término mayor (P), por lo que siempre tendrá la forma S – P:

$$? \quad - \quad ?$$
$$? \quad - \quad ?$$
$$S \quad - \quad P$$

El término mayor, debe aparecer siempre en la premisa mayor (como sujeto o predicado) e ir acompañado del término medio:

PRIMERA OPCIÓN:

```
P   -   M
?   -   ?
S   -   P
```

SEGUNDA OPCIÓN:

```
M   -   P
?   -   ?
S   -   P
```

Con el término menor sucederá lo mismo, solo que en vez de aparecer en la premisa mayor, aparecerá en la premisa menor:

PRIMERA OPCIÓN:

```
?   -   ?
S   -   M
S   -   P
```

SEGUNDA OPCIÓN:

```
?   -   ?
M   -   S
S   -   P
```

A las premisas que poseen los términos menor y mayor, se las denomina «*premisa menor*» y «*premisa mayor*», respectivamente.

Forma de los silogismos

La **forma** de un silogismo está determinada por el orden y cantidad en el que sus proposiciones aparecen. Así, un *silogismo categórico de forma típica* es aquel posee tres proposiciones categóricas: premisa mayor, premisa menor y conclusión.

(A)   Todo <u>lenguaje de programación</u> es un <u>lenguaje informático</u>.
              M   P

(B)   <u>PHP</u> es un <u>lenguaje de programación</u>.
          S   M

(C)   Luego, <u>PHP</u> es un <u>lenguaje informático</u>.
                  S   P

La figura de un silogismo

El orden en el que se presenta el término medio respecto a los términos mayor y menor en las dos premisas, determina la **figura** de un silogismo, pudiendo encontrarse un total de cuatro figuras.

Tabla 7: Figura de un silogismo

PRIMERA FIGURA	SEGUNDA FIGURA	TERCERA FIGURA	CUARTA FIGURA
M – P	P – M	M – P	P – M
S – M	S – M	M – S	M – S

El **modo** de un silogismo estará determinado por la forma de los enunciados y la disposición de sus términos, y será parte necesaria para determinar la **validez de un silogismo categórico**. De esta forma, el modo estará determinado por la combinación de una de las cuatro formas (A, E, I, y O) para las tres proposiciones que tiene un silogismo, más una de las cuatro figuras (I, II, III, y IV).

En el siguiente ejemplo se presenta un silogismo con la forma **AEE-2**, ya que la forma de la premisa mayor es **A**, la de la premisa menor y la conclusión es **E**, y el orden de los términos en las premisas se corresponde al la segunda figura:

(A) Todo caballo$_P$ es herbívoro$_M$.

(E) Ningún mosquito$_S$ es herbívoro$_M$.

(E) Luego, ningún mosquito$_S$ es caballo$_P$.

Conocer la forma de un enunciado, permite determinar cómo se distribuyen sus términos.

Conocer la distribución de los términos y el orden en el que estos se presentan a lo largo de un silogismo, es lo que permitirá determinar la validez del mismo, mediante una serie de reglas.

Reglas de validación de un silogismo categórico

Hay seis reglas que un silogismo categórico de forma típica debe cumplir para ser válido. Se detalla cada una a continuación.

Regla N°1: el silogismo debe tener solo tres términos utilizados cada uno, en el mismo sentido a lo largo del argumento.

Si bien el uso de un mismo término en sentidos contradictorios puede apreciarse en cualquier ámbito, podría ser más habitual que se lo utilice con la finalidad de manipulación de la información, en el ámbito político.

Un ejemplo imaginario de esto podría darse entre dos partidos políticos opuestos. Uno liberal, y otro conservador, para los cuáles el concepto de «Nación segura», tendría significados opuestos.

En este ejemplo, el partido conservador considera que incrementar la seguridad de una Nación, consiste en permitir el uso civil de armas de fuego, mientras que el partido liberal, considera que incrementar la seguridad de una Nación, consiste en lo opuesto, es decir, en prohibir el uso civil de armas de fuego.

Partiendo de este ejemplo, se podría elaborar el siguiente silogismo en apariencia válido, pero violando la primera regla:

> *Una Nación más segura es aquella que tiene por objetivo permitir a todos sus ciudadanos civiles, portar armas de fuego.*
>
> *El partido "A" tiene por objetivo crear una nación más segura.*

Por lo tanto, el partido "A" tiene por objetivo permitir a todos sus
ciudadanos civiles, portar armas de fuego.

Dado que la definición de «nación más segura» es diferente para cada partido político y para cada ideología política, el silogismo no es válido, pues el término medio está siendo utilizado en más de un sentido.

Dicho de otro modo, recurre a la ambigüedad, puesto que mientras que el «partido "A"» emplea el término «nación más segura» pensando en prohibir a civiles portar armas de fuego, otro partido (el partido "B", por ejemplo) considera que una nación más segura significa que personas civiles puedan portar armas de fuego.

Se trata de una estrategia para crear confusión, empleando el término «nación más segura» con sus dos sentidos: el otorgado por el partido "B" (en la premisa mayor) y el otorgado por el partido "A" (en la premisa menor).

Regla N°2: el término medio debe estar distribuido en al menos una de las premisas.

En el siguiente ejemplo, el término medio se encuentra en el predicado de dos premisas universales afirmativas (forma A), por lo tanto, nunca se distribuye:

(A) *Todos los números racionales son <u>números reales</u>.*

(A) *Todos los números enteros son <u>números reales</u>.*

(A) *Por lo tanto, todos los números enteros son números racionales.*

Regla N°3: la conclusión no puede distribuir términos no distribuidos en las premisas.

En el siguiente ejemplo, el término menor (animales) no está distribuido en la premisa menor, ya que la misma tiene forma I, forma esta que no distribuye ninguno de sus términos:

(A) *Todos los mamíferos son vertebrados.*

(I) *Algunos animales son mamíferos.*

(A) *Por lo tanto, todos los animales son vertebrados.*

Sin embargo, la conclusión tiene una forma universal afirmativa, la cual distribuye el término sujeto, es decir, el término menor, no distribuido en la premisa.

Regla N°4: no puede tener dos premisas negativas (al menos una debe ser afirmativa).

En el siguiente silogismo, la conclusión es falsa porque parte de dos premisas negativas:

Ningún mamífero es invertebrado.

Ningún equinodermo es mamífero.

Por lo tanto, ningún equinodermo es invertebrado.

Regla N°5: si una premisa es negativa la conclusión también lo es.

En el siguiente ejemplo se presenta una premisa negativa, por lo que su conclusión debería ser negativa:

Ningún invertebrado es mamífero.

Todos los equinodermos son invertebrados.

Por lo tanto, todos los equinodermos son mamíferos.

La conclusión válida del silogismo, debería haber sido «*Ningún equinodermo es mamífero*».

Regla N°6: una conclusión particular no puede basarse en dos premisas universales.

En el siguiente ejemplo, la conclusión es particular a partir de dos premisas universales. Debería ser universal para ser válida:

Todos los mamíferos son vertebrados.

Todos los caballos son mamíferos.

Por lo tanto, algunos caballos son vertebrados.

Silogismo disyuntivo

El *silogismo disyuntivo* es aquel que como premisa, tiene un enunciado disyuntivo.

En cuanto a su forma, mientras que la de un silogismo categórico sigue la sucesión: *Premisa mayor, Premisa menor, Conclusión*, la forma de un silogismo disyuntivo, se presenta de la siguiente manera:

Enunciado disyuntivo

Premisa categórica

Conclusión

En el silogismo disyuntivo, la negación de una de las disyunciones, afirma la otra:

Juan no ha venido al trabajo, o bien porque se siente mal, o bien porque tiene examen.

*Juan **no** se siente mal.*

Por lo tanto, Juan tiene examen.

Sin embargo, la afirmación de una de las disyuntivas, no niega la otra:

Juan no ha venido al trabajo, o bien porque se siente mal, o bien porque tiene examen.

Juan tiene examen.

Por lo tanto, Juan no se siente mal. (INCORRECTO)

El hecho de que Juan tuviese un examen, no lo exime de sentirse mal. Más allá de la cuestión empírica, la explicación lógica de este, radica en que debido a que un enunciado disyuntivo puede ser verdadero tanto si una sola premisa es verdadera como si ambas lo son, la única forma de deducir cuál es verdadera, es sabiendo que una de ellas es falsa. Pero no puede deducirse cuál de ellas es falsa sabiendo cuál es verdadera, puesto que ambas podrían ser verdaderas, y el enunciado continuar siendo verdadero.

Silogismo hipotético

El *silogismo hipotético* es aquel en el cual su premisa es un enunciado condicional. Este tipo de silogismos conformarán una de las bases del método científico empírico.

La **forma** de un silogismo hipotético es similar a la de uno disyuntivo, solo que en vez de un enunciado disyuntivo tiene uno condicional:

Enunciado condicional

Premisa categórica

Conclusión

La premisa categórica *puede* ser:

- La afirmación del antecedente

- La negación del consecuente

La premisa categórica *no puede* ser:

- La afirmación del consecuente

- La negación del antecedente

En estos últimos dos casos, se estaría incurriendo en falacia.

Para **validar un silogismo** hipotético, existen solo dos modos posibles:

1. *Modus ponens* (modo afirmativo).

2. *Modus tollens* (modo negativo).

En el <u>modo afirmativo</u>, la premisa afirma el antecedente, y la conclusión el consecuente:

> *Si los datos están corruptos, entonces hay un fallo en la validación de los datos.*
>
> *Los datos están corruptos.*
>
> *Por lo tanto, hay un fallo en la validación de los datos.*

En el <u>modo negativo</u>, la premisa niega el consecuente, y la conclusión el antecedente.

> *Si lo datos están corruptos, entonces hay un fallo en la validación de los datos.*
>
> *No hay un fallo en la validación de los datos.*
>
> *Por lo tanto, los datos no están corruptos.*

Falacias

Las falacias se emplean a menudo con el fin de persuadir psicológicamente. Si bien su estudio no es necesario para analizar la validez de un argumento, conocer las formas habituales de persuasión podría ofrecer una alternativa para detectar formas argumentales no válidas.

No existe una clasificación universalmente aceptada de falacias[3] pero sí pueden ser agrupadas en dos grandes grupos:

1. Falacias formales

2. Falacias no formales

Las falacias formales son las que guardan relación con un error de forma, mientras que las no formales, conservan una forma válida pero con conclusiones falsas, bien sea por falta de atinencia lógica, o bien, por ambigüedad.

Falacias formales

La falacia formal es toda aquella que viole al menos una de las reglas de cualquiera de los tipos de silogismos.

En los *silogismos hipotéticos*, son falacias:

* Falacia de negación del antecedente: se da cuando la premisa de un silogismo hipotético niega el antecedente del enunciado para negar el consecuente en conclusión. Se la considera una falacia, ya que la premisa de un silogismo hipotético solo tiene dos formas posibles, afirmar el antecedente (que deriva en la afirmación del consecuente como conclusión), o negar el

---

3   Irving M. Copi, Introducción a la lógica (Eudeba, 2014). Pág. 81.

consecuente (que deriva en la negación del antecedente como conclusión).

- <u>Falacia de afirmación del consecuente</u>: se da cuando la premisa de un silogismo hipotético afirma el consecuente del enunciado y afirma el antecedente como conclusión. Al igual que en el caso anterior, se considera una falacia ya que los únicos modos posibles, son el modo afirmativo (afirmar el antecedente) o el modo negativo (negar el consecuente).

En los *silogismos disyuntivos*:

- <u>Falacia de afirmación del silogismo disyuntivo</u>: esta falacia se da cuando en un silogismo disyuntivo, la premisa afirma uno de los componentes y deduce la negación del siguiente. Se considera una falacia puesto que el único modo posible del silogismo disyuntivo, es que la premisa niegue uno de los componentes del enunciado para afirmar el otro en la conclusión. Esta falacia se comprueba mediante una tabla de verdad.

Y, en los *silogismos categóricos*,:

- Incurren en <u>falacias *non sequitur*</u>, todos aquellos argumentos formalmente inválidos y/o que violen una o más reglas silogísticas. Un caso habitual es el de la falacia del término medio no distribuido.

Falacias no formales

Como se comentó anteriormente, no existe una clasificación universalmente aceptada. Por lo tanto, a continuación se listarán algunas de las falacias de atinencia y ambigüedad consideradas por autores como Irving Copi como las falacias no formales más habituales. Se omiten algunas falacias de forma intencionada.

Entre las **falacias de atinencia** lógica, es posible encontrar:

- Argumentación *ad baculum*: se da cuando quien argumenta, en vez de ofrecer pruebas sobre aquello que afirma, apela a la intimidación para lograr la aceptación. La intimidación puede entenderse como cualquier acto que infunda miedo.

- Argumentación *ad hominem*: este tipo de falacia puede darse de dos formas:

    ○ *Forma ofensiva:* se da cuando en vez de ofrecer evidencias de aquello que se afirma, se ataca a la persona que ofrece un argumento opuesto.

    ○ *Forma circunstancial:* se da cuando en vez de ofrecer evidencias de aquello que se afirma, se apela a creencias circunstanciales, no probatorias. Este tipo de argumentación *ad hominem* suele estar amparada en cuestiones de índole dogmática o ideológica.

- Argumentación *ad ignoratiam*: se da cuando se afirma que algo es verdadero porque no existen pruebas de lo contrario. *«La ausencia de pruebas»* no es una prueba.

- Argumentación *ad populum*: se da cuando en vez de ofrecer pruebas de aquello que se afirma, se apela a ganar la mayor cantidad de adeptos posibles por medio de la simpatía con lo que se afirma, procurando generar una reacción emocional.

- Argumentación *ad verecundiam*: se da cuando en vez de ofrecer pruebas de aquello que se afirma, se apela a la autoridad de quien argumenta. Suele ser el caso contrario a la argumentación *ad hominem* en su forma ofensiva.

- *Petitio principii* (petición de principio): se da al utilizar como premisa a la propia conclusión, aunque no directamente utilizando las mismas palabras.

- Falacia de la pregunta compleja: esta falacia es la que en una pregunta da por sentado que previamente se ha respondido «si» a una pregunta no realizada, partiendo así de una proposición falsa. En la pregunta «¿por qué "A"?» se da por sentado que «A» existe y es verdadera, por lo que se presume que se ha respondido «sí» a la pregunta «¿Es "A" verdadera?». Este tipo de preguntas presuponen verdaderas, afirmaciones de las cuáles en realidad, no se ha establecido previamente su veracidad o falsedad.

- *Ignoratio elenchi*: se da cuando para justificar una conclusión, se emplean premisas destinadas a argumentar otra, y por lo tanto, carece de atinencia.

Las **falacias de ambigüedad** se dan por polisemia, anfibología o énfasis.

La *polisemia* se produce cuando una misma expresión lingüística tiene más de un significado, como sucede en "banco", "estado", o "cuña", mientras que la "anfibología", consiste en expresar una misma frase de forma tal que pueda tener una doble interpretación (o doble sentido). Lo anterior da origen a dos tipos de falacias:

- Falacia del equívoco: se da cuando se emplea un mismo término en sentidos polisémicos.

- Falacia de anfibología: se da cuando cuando se emplea una premisa en su interpretación verdadera, y la conclusión conduce a su interpretación falsa.

Las <u>falacias de énfasis</u>, están directamente relacionadas con la entonación y las pausas de las que se haga uso. Por ejemplo, en «no, puedo» y «no puedo», el uso de una pausa entre el «no» y el «puedo» o la ausencia de dicha pausa, cambia por completo el sentido de la frase. La falacia de énfasis se comete cuando se utiliza la entonación para generar ambigüedad en aquello que se afirma o arguye.

Lógica matemática

La lógica matemática, conocida también como *lógica simbólica*, es aquella que emplea el uso de un lenguaje de símbolos abstracto —denominado *lenguaje formal*—, como base de un sistema.

En la lógica matemática que será abarcada a continuación, los signos especificados se encuentran ya definidos. El estudio particular de estos corresponde a la *semiótica* pero no se profundizará aquí en su estudio.

A continuación se abarcará el sistema simbólico mínimo sin el cuál, no podrían entenderse los enunciados lógicos básicos.

Elementos básicos de la lógica simbólica

VARIABLES SENTENCIALES   Para la sustitución de enunciados se utilizan las letras medias del alfabeto, "p", "q", "r", "s", ... tal que un enunciado hipotético podría expresarse en la forma:

*Si **p** entonces **q***

CONJUNCIONES   Para unir de forma conjuntiva puede emplearse el punto medio · o el símbolo ∧ . Tanto el enunciado $p \cdot q$ como el enunciado $p \land q$, son conjuntivos.

NEGACIÓN Y AGRUPACIÓN

Para la negación se pueden utilizar los símbolos "~" y "¬".

Negación de una variable: $\sim q$ o $\neg q$

Para la negación de un enunciado, se requiere agrupar el enunciado. La agrupación se realiza con paréntesis:

Negación de la conjunción p y q:
$$\sim(p \wedge q) \quad o \quad \neg(p \wedge q)$$

DISYUNCIONES

Para expresar enunciados disyuntivos se utiliza la letra "v". $p \vee q$

Para la disyunción exclusiva será necesario expresar la exclusión de forma literal, es decir, que para expresar que "*p* o *q* pero no ambas" se requerirá el enunciado compuesto "*p* o *q*, y no *p* y *q*": $(p \vee q) \cdot \sim(p \cdot q)$

En programación, mientras que $p \vee q$ es representado mayormente por la instrucción (**p or q**), algunos lenguajes de alto nivel, resuelven la expresión $(p \vee q) \cdot \sim(p \cdot q)$ mediante un *token* específico tal como (**p xor q**), evitando así la instrucción completa (**p or q**) **and not** (**p and q**). Sin embargo, a pesar de ello, internamente siempre se procesará la versión formal (**p or q**) **and not** (**p and q**).

| CONDICIONALES | Para enunciados condicionales se utilizan los símbolos herradura $\supset$ o la flecha doble $\Rightarrow$. *"Si p entonces q"* podría expresarse tanto en la forma $p \supset q$ como $p \Rightarrow q$. |

Validación de enunciados lógicos y argumentos

Existen diversos mecanismos para probar la validez o invalidez de un argumento. Algunos de estos mecanismos se describen a continuación, solo a modo ilustrativo.

EMULACIÓN DE LA FORMA ARGUMENTAL CON CONCLUSIÓN EVIDENTEMENTE FALSA	El mecanismo más simple es demostrar la invalidez construyendo un argumento con una forma idéntica del que se desea validar, con premisas verdaderas pero con una conclusión evidentemente falsa.
SUSTITUCIÓN DE VARIABLES SENTENCIALES	La sustitución de enunciados por letras, suprime la semántica del argumento permitiendo abstraerse solo a su forma.
TABLAS DE VERDAD	Para evaluar el valor de verdad de un enunciado compuesto se pueden utilizar tablas de verdad. Estas se confeccionan sobre la base de un encabezado que contiene los enunciados componentes, y una fila por cada combinación de opciones de verdad posible. Para las opciones de verdad posibles (verdadero o falso) se emplean en castellano, las letras V y F respectivamente, y T y F en inglés, correspondientes a los términos *True*

(verdadero) y *False* (falso).

Para el enunciado $p \cdot q$, la tabla de verdad quería representada de la siguiente forma:

p	q	$p \cdot q$
V	V	V
V	F	F
F	V	F
F	F	F

Para armar una tabla de verdad, se descompone un enunciado obteniendo sus componentes más pequeños, hasta llegar a los enunciados compuestos más complejos. En la tabla anterior pueden verse tres columnas, p , q y $p \cdot q$, debido a que los componentes más atómicos de $p \cdot q$ son p , q .

Luego, en cada fila, se van poniendo los resultados de la evaluación por separado. Primero, el de los componentes más pequeños y luego, el de los más grandes. Por ejemplo, para la validación de una disyunción exclusiva $(p \vee q) \cdot \sim(p \cdot q)$, la tabla de verdad quedaría representada como la siguiente:

Tabla 8: *Ejemplo de una tabla de verdad (lógica matemática).*

p	q	$p \vee q$	$p \cdot q$	$\sim(p \cdot q)$	$(p \vee q) \cdot \sim(p \cdot q)$
V	V	V	V	F	F
V	F	V	F	V	V
F	V	V	F	V	V
F	F	F	F	V	F

Precedencia

La precedencia es aquello que estipula la prioridad que un determinado operador tiene sobre otro. Esto es útil a la hora de evaluar enunciados lógicos, algo que a diario se hace en programación. El orden de precedencia es $( )$, $\neg$, $\wedge$, $\vee$, $\Rightarrow$, $\Leftrightarrow$. Esto significa que:

- Los paréntesis $( )$ tienen mayor precedencia que la negación $\neg$.

- La negación $\neg$ tiene mayor precedencia que AND $\wedge$.

- AND $\wedge$ tiene mayor precedencia que OR $\vee$.

- OR $\vee$ tiene mayor precedencia que entonces $\Rightarrow$.

- Y entonces $\Rightarrow$ tiene mayor precedencia que "sí y solo si..." $\Leftrightarrow$.

Dado que los paréntesis agrupan enunciados, tienen mayor precedencia que cualquier operador. Así, cuando un enunciado no tenga paréntesis, este será evaluado teniendo en cuenta la precedencia.

IMPORTANCIA DE LA PRECEDENCIA DE LOS OPERADORES LÓGICOS EN LA PROGRAMACIÓN

Tener en cuenta los paréntesis más allá de su obligatoriedad o no para la sintaxis de un lenguaje de programación, marcará la diferencia entre una correcta evaluación condicional —sin sorpresas — y un comportamiento inesperado del programa.

La tabla 9 muestra el comportamiento de la precedencia en la evaluación condicional.

Tabla 9: *Enunciados lógicos y precedencia de operadores mediante ejemplos.*

ENUNCIADO	EVALUACIÓN SEGÚN PRECEDENCIA
$\neg p \wedge q$	$((\neg p) \wedge q)$
$p \wedge q \vee \neg r$	$((p \wedge q) \vee (\neg r))$
$p \Rightarrow q \Leftrightarrow r$	$(p \Rightarrow (q \Leftrightarrow r))$

La precedencia de los operadores lógicos, tiene tanta importancia para la programación como la que el uso de los signos de puntuación tiene para el lenguaje natural.

De la misma forma que la frase *"Juan, pensó Pedro, odia a Mario"* tiene un significado distinto que *"Juan pensó, Pedro odia a Mario"*, el enunciado $p \vee q \wedge r$ produce un resultado diferente que $((p \vee q) \wedge r)$, ya que el primero se evaluará como $(p \vee (q \wedge r))$.

Capítulo II. Matemáticas Discretas

Las matemáticas discretas son la base de las ciencias informáticas. En el aspecto teórico, las Ciencias Informáticas derivan de las matemáticas discretas (de hecho, la Informática Teórica podría ser considerada una rama de las matemáticas), y en el aspecto práctico (o aplicado) su estudio es de interés para describir problemas en algoritmos computacionales, demostrar que la solución a un problema computacional es la adecuada, abordar problemas de recursividad, determinar la complejidad de un algoritmo, o describir lenguajes de programación.

Por otro lado, su estudio ayuda a comprender de qué manera el lenguaje de programación empleado, y el ordenador como unidad física, son capaces de alcanzar los resultados deseados en los programas.

Matemáticas discretas vs matemáticas continuas

Las matemáticas discretas se diferencian de las matemáticas continuas, puesto que mientras las matemáticas discretas se encargan de *contar*, es decir, de numerar las cosas, las matemáticas continuas se encargan de *medir*, es decir, de comparar una cantidad respecto de la unidad, a fin de saber cuántas veces la unidad está contenida en la cantidad. Por lo tanto, si se considera a las matemáticas modernas como relativas a las cantidades, la diferencia estaría en la forma en la que ambas se refieren a estas: mientras que unas cuentan, otras miden. Por ello, se asocia la aritmética a lo discreto, y la geometría a lo continuo.

Para **entender la diferencia entre matemáticas discretas y continuas** en términos prácticos, se puede pensar en la cantidad de números naturales que existen entre dos números (por ejemplo, entre 1 y 2) y la cantidad de números reales que existen entre los mismos dos números. Enseguida será posible determinar que no existe un número finito para el segundo caso, pero que sí lo existe para el primero.

En las matemáticas discretas se estudian temas tales como la lógica (abarcada en el Capítulo I.), la aritmética, el álgebra, la combinatoria, funciones, grafos, y probabilidad (abarcados en este capítulo), y teoría de la computación (abarcada en el Capítulo III.), mientras que en las matemáticas continuas, se abordan temas tales como el cálculo, el análisis matemático, la topología, la geometría, o las ecuaciones diferenciales, que escapan al alcance de este libro.

Teoría de Conjuntos

La teoría de conjuntos define tanto las colecciones de elementos, como sus relaciones y operaciones. En el contexto de la informática teórica se utiliza como base de la descripción formal de cualquier colección de elementos, independientemente del contexto en el cual se describa. Sin embargo, su uso no se limita solo a esto.

Si bien servirá como base para todas las definiciones que se hagan en lo sucesivo, también ha inspirado a numerosas teorías de la informática aplicada empleadas en programación, como es el caso del modelo entidad-relación de las bases de datos relacionales, o la programación orientada a objetos, entre otros.

Esto hace del estudio y dominio de sus conceptos más básicos, dos necesidades ineludibles para el abordaje de la programación. Por ello, estos conceptos se definen a continuación.

CONJUNTOS Y ELEMENTOS
: Un **conjunto** es una colección de objetos distintos y bien definidos. Por **elementos** se hace referencia a cada uno de los objetos miembros de un conjunto. Es frecuente denotar a los conjuntos por letras mayúsculas y a sus elementos por letras minúsculas, tal que a es el elemento mientras que A el conjunto.

PERTENENCIA
: Cualquier elemento que se encuentra dentro de un conjunto, se dice que pertenece a dicho conjunto y se denota como $a \in A$. Para denotar lo contrario (que a no pertenece al conjunto A) se emplea el símbolo de no

pertenencia tal que $a \notin A$.

DEFINICIÓN DE CONJUNTOS

Los conjuntos pueden definirse en dos formas posibles: *forma tabular* y *forma de construcción del conjunto.*

FORMA TABULAR

Es aquella forma donde el conjunto se define como una lista de sus elementos. Por ejemplo, el conjunto de los ocho primeros números de la serie de *Fibonacci* se denotaría como: $\{1, 1, 2, 3, 5, 8, 13, 21\}$.

Esta forma también es denominada, *definición por extensión.*

FORMA DE CONSTRUCCIÓN DEL CONJUNTO

Es aquella forma en la que se define el conjunto a partir de la forma en la que éste se construye, es decir, describiendo sus propiedades características.

Cualquier conjunto puede definirse a través de una descripción verbal de sus propiedades (por ejemplo: $A = \{a | a \ es \ un \ número \ natural \ menor \ que \ 5\}$) o de forma más simbólica (como por ejemplo: $A = \{a | a \in \mathbb{N} \wedge a < 5\}$, que se lee como *"'a' pertenece al conjunto de los números naturales [* $\mathbb{N}$ *] y es menor que cinco"*).

Notar que las anotaciones $x | x$ y $x : x$ son equivalentes, y se lee "equis tal que equis...". Por ejemplo, $\{x | x \in A\}$ puede ser leído como *"equis, tal que equis pertenece al conjunto A".*

Bien sea que se describa verbal o simbólicamente, esta forma de definición se denomina *definición por comprensión*.

La alternativa a esto es la definición por extensión (mencionada anteriormente) donde se listan todos y cada uno de los elementos del conjunto. Por ejemplo, para la definición $A=\{a|a\in\mathbb{N}\wedge a<5\}$ la definición por extensión sería $A=\{1,2,3,4,5\}$.

IGUALDAD

Dos conjuntos son iguales si comparten exactamente los mismos miembros. Por ejemplo, los siguientes conjuntos son iguales dado que en un conjunto no importa el orden de sus elementos y los elementos repetidos son en realidad un mismo elemento:

$$\{1,3,5\}=\{5,1,3\}=\{1,1,3,5,5,3\}$$

(aquí el último conjunto es en realidad el conjunto formado por los números 1, 3 y 5).

Se dice entonces, que A y B son iguales si comparten todos sus elementos. En caso contrario, se dice que A y B son desiguales.

Para $A=\{1,2,3\}$, $B=\{3,1,2\}$ y $C=\{2,3,4\}$, $A=B$ y $A\neq C$, $B\neq C$.

CONJUNTOS DISJUNTOS

Son conjuntos disjuntos aquellos que no tienen en común ningún elemento.

Para $A=\{1,2,3\}$ y $B=\{9,7\}$ se dice que A y B son disjuntos.

SUBCONJUNTO

Es cualquier conjunto cuyos elementos se

encuentran incluidos en otro conjunto. Si todos los elementos de un conjunto están dentro de otro, se dice que el primero es subconjunto del segundo.

Para $A=\{1,2,3\}$ y $B=\{0,1,2,3\}$ se dice que $A \subset B$ y se lee como "A es subconjunto de B". Para $A=\{1,2,3,4\}$ y $B=\{3,1,2,4\}$ se dice que $A \subseteq B$ (A es subconjunto igual que B). Para decir lo mismo pero desde la perspectiva del conjunto "que contiene" al otro (desde la perspectiva de B) se dice que $B \supset A$ (B es el superconjunto de A o B contiene a A).

Para $A \subset B$ no existe igualdad entre A y B, mientras que sí la existe para $A \subseteq B$. Cuando no existe igualdad se dice que A es un subconjunto propio de B .

CONJUNTO VACÍO   Es aquel conjunto que no tiene ningún elemento. Se define como $\{\}$ y se denota por $\emptyset$. El conjunto vacío es subconjunto de todos los conjuntos.

CONJUNTO UNIVERSAL   Es aquel conjunto que se compone de todos los conjuntos existentes en un contexto particular. Los elementos del conjunto universal varían conforme el contexto en el cual se esté trabajando.

El conjunto universal se denota por U.

CARDINALIDAD

La cardinalidad de un conjunto es la cantidad de elementos que tiene dicho conjunto. Para un conjunto $A = \{a, b, c\}$, su cardinalidad se denota por $|A|$ y es igual a 3. Dado que los conjuntos con un número infinito de elementos —denominados *conjuntos infinitos*—, al igual que aquellos finitos pueden tener un tamaño variable, también poseen una cardinalidad determinada por un número denominado *número cardinal*. Por el *Teorema de Schröder-Bernstein*, para dos conjuntos infinitos A y B, si $|A| \leq |B|$ y $|B| \leq |A|$, entonces $|A| = |B|$.

CONJUNTOS NUMERABLES Y NO NUMERABLES

Se dice que un conjunto es numerable cuando o bien es un conjunto finito, o bien existe una correspondencia uno a uno desde los elementos del conjunto de los números naturales ($\mathbb{N}$) a este. Un conjunto no es numerable en caso contrario.

Operaciones sobre los conjuntos

UNIÓN

La unión de dos conjuntos es el resultado de incluir el total de elementos de cada conjunto en uno nuevo. La unión de dos conjuntos A y B se define como: $A \cup B = \{x | x \in A \vee x \in B\}$.

INTERSECCIÓN

La intersección de dos conjuntos es el conjunto formado por los elementos en común de dos o más conjuntos. La intersección de dos conjuntos A y B se define como: $A \cap B = \{x | x \in A \wedge x \in B\}$.

DIFERENCIA

La diferencia de dos conjuntos es el conjunto formado por aquellos elementos de un conjunto que no se encuentran presentes en el otro.

La diferencia de dos conjuntos A y B se define como:

$$A - B = \{x | x \in A \wedge x \notin B\} = A - (A \cap B) \ .$$

COMPLEMENTO

El complemento de un conjunto es el resultado de la diferencia entre el conjunto universal y los elementos del conjunto. El complemento de un conjunto A se define como $\bar{A} = U - A$. El complemento de un conjunto también es denotado por A ' .

POTENCIA

La potencia de un conjunto es el conjunto de todos sus subconjuntos. Para un conjunto A , su potencia puede ser denotada tanto como 2^A como $P(A)$. Dado que la cardinalidad de un conjunto es $|A|$, la cardinalidad de la potencia de $P(A)$ queda determinada por $|P(A)| = 2^{|A|}$. Así, para un conjunto A con cardinalidad 4 , la cardinalidad de la potencia será $2^4 = 16$. Por ejemplo, la potencia de un conjunto $A = \{a, b\}$ es $P(A) = \{\emptyset, \{a\}, \{b\}, \{a, b\}\}$.

PRODUCTO CARTESIANO

El producto cartesiano de dos conjuntos es la

asociación de cada uno de los elementos de un conjunto con los del otro, donde cada par de elementos es un par ordenado. El producto cartesiano de dos conjuntos A y B, se define como:

$$A \times B = \{(a,b) \mid a \in A \land b \in B, \forall a \land \forall b\}$$

Lo anterior se lee como sigue: *el producto cartesiano de 'A y B' es el conjunto de tuplas 'a b' tal que 'a' pertenece al conjunto 'A' y 'b' pertenece al conjunto 'B', para todo elemento 'a' y para todo elemento 'b'*. Por ejemplo, el producto cartesiano de los conjuntos $A = \{a,b\}$ y $B = \{1,2\}$ es $A \times B = \{(a,1),(a,2),(b,1),(b,2)\}$.

CONCATENACIÓN

La concatenación de dos conjuntos es el resultado de unir cada elemento de un conjunto con cada elemento del otro conjunto. Para dos conjuntos A y B, la concatenación de sus elementos se define como $A \circ B = \{x \mid x = ab, \ \forall a \in A \ \land \ \forall b \in B\}$.

El proceso de concatenación de los elementos es similar al del producto cartesiano pero el resultado de la concatenación no es una tupla de dos elementos sino un único elemento. Así, mientras que el producto cartesiano para dos elementos a y b es (a,b), la concatenación es ab.

Conjuntos numéricos

Entre los conjuntos numéricos es posible definir los siguientes:

NÚMEROS NATURALES — Se refiere a todos aquellos números contables, es decir, a aquellos que se usan *naturalmente* para contar elementos en un conjunto, comenzando en 1. En lenguaje formal, el conjunto de los números naturales se denota por $\mathbb{N}$. Son números naturales: $1, 2, 3, 1500, 8764,$ entre otros. $\mathbb{N}$ es un conjunto ordenado, infinito, y discreto[4].

NÚMEROS POSITIVOS — Todo número mayor que 0. Son números positivos: $1, 2, 8764, 0.75$.

NÚMEROS NEGATIVOS — Se refiere a todo número menor que 0. Son números negativos: $-1, -2, -8764$ -0.75.

NÚMEROS ENTEROS — El conjunto de los números enteros, denotado por $\mathbb{Z}$, es el conjunto formado por los números naturales, sus opuestos, y el 0. Al igual que sucede con los números naturales, el conjunto de los números enteros es un conjunto ordenado, infinito, y discreto.

NÚMEROS RACIONALES — Se refiere a todo número que pueda ser expresado como el cociente de dos enteros (es decir, de una fracción) expresados en la forma:

$$\frac{p}{q}$$

---

4   Recordar que es discreto pues existe una cantidad finita y por consiguiente contable, entre dos números.

Para $q \neq 0$. En lenguaje formal se denota por $\mathbb{Q}$ y su definición se expresa como:

$$\frac{p}{q} : q \neq 0$$

Son números racionales:

0.5 (cociente de $\frac{1}{2}$)

15.65 (cociente de $\frac{1565}{100}$)

Una definición más completa debería incluir que tanto p como q son números enteros, tal que:

$$\mathbb{Q} = \left\{ \frac{p}{q} : p, q \in \mathbb{Z} \land p \neq 0 \right\}$$

CONCEPTOS A RECORDAR SOBRE LAS FRACCIONES

Una fracción se compone de **numerador y denominador**:

$$\frac{3 \leftarrow numerador}{4 \leftarrow denominador}$$

Dos fracciones son equivalentes si al dividir numerador por denominador se obtiene la misma representación decimal. Así,

$$\frac{8}{4} = \frac{100}{50} = 2$$

Se puede **simplificar una fracción** hallando un número común divisor por el cual dividiendo el numerador y el denominador, se obtengan un numerador y un denominador más pequeño. Así el número 5 sería el **común divisor** para $\frac{25}{15}$, pues 25/5=5 y 15/5=3 , por lo tanto $\frac{25}{15}=\frac{5}{3}$.

NÚMEROS IRRACIONALES

Todo número que no pueda expresarse como cociente de dos enteros. Cualquier número decimal infinito como π (número *pi*) o como el número e (número de Euler), es irracional. Las cifras de la representación decimal de estos números es infinita y no periódica. Por ello, suelen utilizarse versiones acotadas para realizar cálculos. Por ejemplo, para el número *pi* (π) puede ser 3,1415926535 .

NÚMEROS REALES

Es el *superconjunto* infinito de los números racionales e irracionales.

NÚMEROS IMAGINARIOS

Aquellos números que elevados al cuadrado arrojan un número negativo.

Un número imaginario se denota por i tal que $i=\sqrt{-1}$ (y por lo tanto $i^2=-1$), mientras que el conjunto de los números imaginarios, se denota por i, en ingeniería se suele utilizar j en vez de i , dado que i se encuentra reservada a la corriente.

Los números imaginarios dan solución a un problema específico que surge al pretender obtener la raíz cuadrada de un número negativo, puesto que al multiplicar un número negativo por sí mismo (es decir, elevarlo al cuadrado), siempre se obtiene un número positivo. De esta forma, es posible resolver la raíz cuadrada de -9 como: $\sqrt{-9}=3i$ (es decir, 3 *multiplicado por* -1).

NÚMEROS COMPLEJOS	Son todos aquellos números formados por la combinación de un número real y un número imaginario. El conjunto de los números complejos se denota por $\mathbb{C}$.
NÚMEROS PRIMOS	Un número primo es un número natural mayor que 1 y que solo puede ser divisible, de forma natural, por 1 y por sí mismo sin dejar resto. Son números primos: $2, 3, 5, 7, 11, \ldots$ $761, \ldots, 4219$ entre otros.
NÚMEROS COMPUESTOS	Los números divisibles por cualquier otro número a parte de 1 y de sí mismos, se denominan **números compuestos**.

Todos estos números son necesarios en el abordaje de la programación. Sin embargo, ninguno de ellos es directamente soportado por un ordenador. Más adelante se verá que estos números se representan de forma binaria (esto se explicará en lo sucesivo), y exceptuando el caso de los números enteros, las representaciones siempre son aproximadas.

Teoría de Funciones

En «*Manual de matemática preuniversitaria*», la **Dra. Marilina Carena** de la Universidad Nacional del Litoral, Argentina, define **función** como «*una regla que asigna a cada elemento de un conjunto A un único elemento de un conjunto B* ». En este sentido, deben considerarse a las funciones como las reglas definidas en el proceso de la programación.

Quien programa, define las reglas de su programa mediante funciones, y por ello, el estudio de las mismas desde su perspectiva científica (teórica) es fundamental. Pues el concepto de función es la base de la programación, independientemente del paradigma que se emplee.

En lo sucesivo, el estudio de las funciones será abarcado desde la perspectiva teórico matemática de sus componentes.

FUNCIÓN

Dados dos conjuntos (A y B), si existe una ley matemática (es decir, una *regla*) que permita que a cada elemento del primero le corresponda un único elemento del segundo, dicha regla se denomina función, mapa, transformación u operación (indistintamente) "de A en B " y se denota por f , tal que $f:A \to B$ representa la *función de A en B* .

IMAGEN

Se denomina imagen a cada uno de los elementos correspondidos (cada $b \in B$ correspondido por un elemento $a \in A$). Así, b es la imagen de a , denotada como $f(a)$ (leído como "*efe de a)* y a es la *preimagen* de b . Esto significa que b es el resultado de aplicar f a a .

VARIABLES DEPENDIENTES E INDEPENDIENTES

Se denomina variable dependiente a la imagen (b) e independiente a la preimagen (a).

DOMINIO, RANGO Y CODOMINIO

Se denomina dominio al conjunto de elementos para los que existe correspondencia, y codominio, al conjunto de los elementos que son correspondidos. Así, A es el dominio de la función $f : A \rightarrow B$ mientras que B , el codominio. Se denomina rango al conjunto de imágenes de la función, $f(A)$.

FUNCIONES K-ARIAS

Cuando una función se define sobre más de una variable independiente, se dice que es k-aria. Así, la función $f : A_1 \times ... \times A_k \rightarrow B$ con imagen $f(a_1, ..., a_k)$, se dice k-aria. Es frecuente denotar funciones k-arias por $f^{(k)}$. Si $k = 1$ se dice función unaria, si $k = 2$, función binaria, si $k = 3$, función ternaria, y así sucesivamente.

FUNCIONES TOTALES Y PARCIALES

Una función es total cuando está definida para todos los elementos del dominio, y parcial, cuando solo se define para algunos.

FUNCIÓN IDENTIDAD

Aquella función para la cual se cumple $f(x)=x$, $\forall x \in X$. Es decir, una función cuyo dominio y codominio son idénticos.

FUNCIÓN CARACTERÍSTICA

Para dos conjuntos A y B , siendo $B \subseteq A$, la función $f:A \rightarrow \{0,1\}$ es función característica para B , si para todo $a \in A$ se cumple que $f(a)=1$ cuando $a \in B$, y $f(a)=0$ si $a \notin B$.

Las funciones, también pueden ser vistas desde una perspectiva informática como relaciones de entrada y salida, donde f es un objeto que recibe una variable independiente como entrada y produce una variable dependiente como salida. Se trata de la misma definición vista desde una perspectiva diferente. Por lo tanto, también pueden ser descritas en diferentes formas: como en la imagen 1, o también mediante el empleo de una tabla, como en el ejemplo de la tabla 10.

Para una función $f:A \rightarrow B$ donde $A=\{1,2,3\}$ y $B=\{10,20,30\}$ (para B definido como $B=\{b|b=a*10, \forall a \in A\}$), puede describirse f mediante la siguiente tabla:

Tabla 10: *Descripción de la función f:A→B*

a	f(a)=b
1	10
2	20
3	30

EUGENIA BAHIT. FUNDAMENTOS DE CIENCIAS INFORMÁTICAS PARA EL ABORDAJE DE LA PROGRAMACIÓN

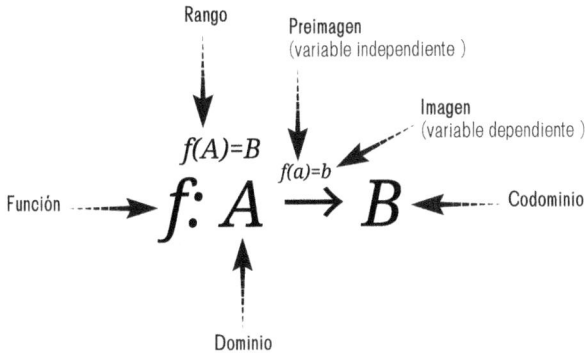

Imagen 1: *Partes de una función matemática*

Teoría combinatoria

Contar elementos, a simple vista, puede parecer un tema menor. Pero no lo es. En algunos casos puede resultar una tarea muy simple y en otros más compleja. Por ejemplo, una consulta médica otorga 10 turnos por la mañana y 8 turnos por la tarde. Si a cada paciente se le asigna un turno, saber cuántos pacientes pueden asistir a consulta un mismo día, será tan sencillo como sumar los turnos de la mañana con los turnos de la tarde. Pero qué sucede si un paciente desea dos turnos. Uno para la mañana (por ejemplo, para pedir una orden médica) y otro para la tarde (por ejemplo, para llevar los resultados de un estudio). ¿Cuántas combinaciones de horarios diferentes existen? En este caso ya no bastará con sumar 10+8 , sino que habrá que multiplicar 10*8 . Mientras que en el primer caso existen solo 18 posibles turnos, en el segundo, existen 80 .

La teoría combinatoria formula las bases necesarias para poder realizar cuentas en situaciones complejas que no se resuelven con una simple suma.

DEFINICIÓN.   Una *combinación* es cualquier selección de parte o de todos los objetos simultáneamente, a partir de un número de objetos dados.

Por ejemplo, ¿cuántas posibles combinaciones de dos letras existen a partir de las letras de la palabra *hola*? Se pueden combinar: *ho, hl, ha, lo, oa,* y *la*. Es decir, que para un total de 4 letras, tomadas de a 2 letras por vez, existe un total de 6 posibles combinaciones.

TEOREMA.   El número de combinaciones posibles para n objetos diferentes, seleccionando r objetos por vez, para $r \leq n$ está determinado por:

$$^{n}C_{r} = \frac{n!}{r!(n-r)!}$$

Donde:

$n!$ se denomina n *factorial* o factorial de n y se obtiene multiplicando todos los enteros positivos de n hasta el 1. Así, para $n=7$, $n! = 7 \times 6 \times 5 \times 4 \times 3 \times 2 \times 1$ (en la práctica, se prescinde de la multiplicación por 1).

        Dado que entre 0 y 1 el único entero positivo es 1, el factorial de 0 es 1, tal que $0! = 1$.

$^{n}C_{r}$ Se lee como combinaciones de n tomadas de r en r. También se denota como el binomio $\binom{n}{r}$.

Así, retomando el ejemplo de combinaciones de letras de la palabra hola tomadas de a 2 por vez, las 6 combinaciones posibles se obtendrían a partir de:

$$^4C_2=\frac{4!}{2!(4-2)!}=\frac{4\times3\times2\times1}{2\times1(4-2)!}=\frac{24}{2\times1\times2\times1}=\frac{24}{4}=6$$

Como puede verse, en una combinación el orden es indistinto. En el ejemplo anterior, al combinar las letras *h* y *o* o *h* y *l* o *h* y *a*, el orden *oh* o *lh* o *ah* no es de interés ya que *ho* y *oh* es la misma combinación, igual que lo es *ha* y *ah* o *hl* y *lh*. Cuando el orden —y no la combinación— es importante, no se aplican las leyes de la combinatoria sino las de la *permutación*.

DEFINICIÓN.   Una permutación es la disposición en un orden determinado de los objetos de un conjunto finito.

TEOREMA.   La cantidad de permutaciones de *n* objetos distintos tomados de *r* en *r* está determinada por:

$$^nP_r=\frac{n!}{(n-r)!}$$

Este teorema es válido cuando los objetos del conjunto son todos diferentes. Pero si existen objetos repetidos, el teorema anterior no se aplica. Por ejemplo, en la palabra **CHACARERA**, la **A** aparece 3 veces, y las letras **C** y **R**, 2 veces cada una. En este caso, las combinaciones posibles tomando todas las letras simultáneamente, estarán dadas por:

$$\frac{9!}{3!2!2!}=\frac{9\times8\times7\times6\times5\times4\times3\times2}{(3\times2)\times2\times2}=\frac{362880}{24}=15120$$

TEOREMA.   Si en un conjunto de *n* objetos, *p* objetos son exactamente del mismo tipo, *q* objetos son exactamente del mismo tipo, *r* objetos son exactamente del mismo tipo, y los objetos

restantes son todos diferentes, la cantidad de permutaciones totales de
n objetos estará determinada por:

$$\frac{n!}{p!\,q!\,r!}$$

Teoría y aplicación del álgebra booleana

El *álgebra booleana* es un tipo de álgebra diseñada para manejar variables
binarias y operaciones lógicas.

En cuanto a su estructura abstracta, puede definirse el álgebra boolena
de un conjunto B no vacío formado por dos operaciones binarias
$+$ y $*$, llamadas **OR** y **AND**, respectivamente; una operación unaria
$'$, denominada **INVERT** (o *complemento*); y dos elementos distintivos
0 y 1, si para cualquier variable $a,b,c \in B$ se cumplen todas
las leyes descritas en la tabla 11 (Huntington, 1904). Observar que las
notaciones $*$ y $\times$ son equivalentes.

Tabla 11: *Leyes del álgebra booleana*

LEY	DESCRIPCIÓN	EJEMPLO
Conmutativa	Las operaciones $+$ y $*$ son conmutativas.	$a+b=b+a$ $a*b=b*a$
De identidad	0 y 1 son dos identidades para las operaciones $+$ y $*$ respectivamente	$a+0=a$ $a*1=1$
Distributiva	Cada operación binaria es distributiva sobre la otra	$a+(b*c)=(a+b)*(a+c)$ $a*(b+c)=(a*b)+(a*c)$
De complemento	Para cada $a \in B$ existe un elemento $a' \in B$	$a+a'=1$ $a*a'=0$

Las cuatro leyes descritas en la tabla 11, se utilizan en programación para simplificar enunciados lógicos logrando así, a su vez, simplificar las estructuras de control condicionales. Así mismo, en tal reducción, también es necesario aplicar una serie de axiomas (tabla 12) y teoremas, tal y como se describe a continuación.

Teoremas y axiomas del álgebra booleana

TEOREMA 1. PRINCIPIO DE DUALIDAD. Cualquier teorema del álgebra booleana es válido si $+$ se intercambia con $*$ y 0 con 1 a lo largo del teorema. Por ejemplo, si un teorema afirma que el complemento de $a*b$, es decir, $(a*b)'$, es igual al complemento de a o al complemento de b, es decir, a $a'+b'$, al intercambiar los símbolos del enunciado, se obtiene otro teorema válido. En este ejemplo, sería que: $(a+b)'=a'*b'$.

TEOREMA 2. En un álgebra booleana B se sostienen las siguientes leyes:

Idempotencia:
$$\forall a \in B \quad a+a=a \ , \quad a*a=a$$

Delimitación:
$$\forall a \in B \quad a+1=1 \ , \quad a*0=0$$

Asociación:
$$\forall a,b,c \in B \quad (a+b)+c=a+(b+c)$$
$$(a*b)*c=a*(b*c)$$

Absorción:
$$\forall a,b \in B \quad a+(a*b)=a \ ,$$
$$a*(a+b)=a$$

TEOREMA 3. El complemento de un elemento es único.

TEOREMA 4. El complemento del complemento de un elemento es igual al elemento. Es decir que $(a')'=a$.

TEOREMA 5. El complemento de 0 es 1 y el de 1 es 0. Es decir que: $0'=1$ y $1'=0$.

TEOREMA 6. LEY DE MORGAN. Muestra que para cada par de elementos a y b en un álgebra booleana B, se cumple que $(a+b)'=a'*b'$ y que $(a*b)'=a'+b'$.

TEOREMA 7. Establece que las siguientes operaciones son equivalentes:

(1) $a+b=b$ (2) $a*b=a$ (3) $a'+b=1$ y (4) $a*b'=0$

Tabla 12: Axiomas del álgebra booleana.

OPERACIÓN:	*(AND)	+ (OR)	' (INVERT)
AXIOMAS:	0 * 0 = 0 0 * 1 = 0 1 * 0 = 0 1 * 1 = 1	0 + 0 = 0 0 + 1 = 1 1 + 0 = 1 1 + 1 = 1	1' = 0 0' = 1

Funciones booleanas

En su forma matemática primitiva, las expresiones booleanas se representan por medio de funciones. Se define una *función booleana* o *polinomio booleano* como una expresión booleana de n variables, para la cual, siendo x una variable booleana, una función booleana de n variables, queda denotada por $f(x_1, x_2, ..., x_n)$.

Considerando que una función booleana es el resultado de una expresión booleana de n variables $x_1, x_2, ..., x_n$, y que el resultado de una expresión booleana, puede asumir como valor un 0 o un 1, es posible realizar la siguiente afirmación:

*U na **función booleana** es una variable cuyo valor puede asumir un 0 (cero) o un 1 (uno).*

Reducción de expresiones booleanas

Las expresiones booleanas representan operaciones lógicas. A cada operación lógica le corresponde un elemento concreto a nivel de hardware. Por lo tanto, cuanto mayor sea la complejidad de una expresión booleana, mayor será la complejidad de los circuitos lógicos, y como consecuencia, mayores serán los recursos necesarios para producirlos (mayor tamaño, mayor cantidad de materiales, mayor costo).

Los mecanismos de simplificación del álgebra booleana, se estudiaron originalmente para reducir las expresiones algebraicas con las que se diseñan los circuitos lógicos, y por consiguiente, lograr reducir los recursos insumidos para el desarrollo de los mismos. Esta reducción interesa en el abordaje de la programación, incluso aquella hecha en lenguajes ampliamente apartados del hardware como por ejemplo, JavaScript, puesto que se trata de métodos que permiten simplificar estructuras condicionales como se comentó anteriormente.

Procedimiento

A fin de reducir la complejidad de las expresiones algebraicas, se requiere un procedimiento de cinco pasos, mediante el cual se deben aplicar todas las leyes del álgebra booleana. Dicho procedimiento se describe con ejemplos en la tabla 13.

Tabla 13: *Procedimiento para simplificación de expresiones booleanas*

PROCEDIMIENTO	EJEMPLO
1 Multiplicar todas las variables a fin de remover paréntesis	$A(B*C)=AB*AC$
2 Eliminar términos duplicados	$ABC \cdot ABC = ABC$
3 Eliminar todo término compuesto de una variable y su negación	$ABB'C+D = AC+D$
4 Cuando haya términos que solo se diferencien por una variable, eliminar el más largo de ellos	$A\overline{B}C+A\overline{B} = A\overline{B}$
5 Si dos términos son iguales y una (o más) variables se encuentra afirmada en un término y negada en otro, eliminar las variables complementadas de ambos términos	$A\overline{B}C+ABC = AC$

Componentes de una expresión booleana

Una expresión booleana se compone de *términos* y operadores booleanos. Según puede concluirse a partir de la diversa bibliografía, podrían obtenerse dos términos primitivos:

TÉRMINO PRODUCTO   Aquel cuyas variables son el resultado de una operación **AND**. Por ejemplo, dadas dos variables A,B cualesquiera, un término producto podría ser AB .

TÉRMINO SUMA   Aquel cuyas variables son el resultado de una operación **OR**. Por ejemplo, dadas dos variables A,B cualesquiera, un término suma sería $A+B$.

En los términos, las variables pueden aparecer complementadas o no complementadas, indistintamente, pero solo deben aparecer una vez, ya que previamente, las expresiones debieron ser reducidas.

POLINOMIO MÍNIMO Y POLINOMIO MÁXIMO

Cuando un término contiene el total de las variables de una función, se lo denomina *minitérmino* o *maxitérmino*, según si las variables responden a una operación **AND** u **OR** respectivamente. Cada uno de estos términos, son también conocidos matemáticamente como *polinomio mínimo* y *polinomio máximo*, y se definen como sigue.

MINITÉRMINO

Aquel término producto compuesto por el total de las variables de una función. Por ejemplo, dadas tres variables A,B,C cualesquiera, un *minitérmino* podría ser ABC .

En un *minitérmino*, cada variable no complementada asume 1 como valor, y 0 en caso contrario.

Un *minitérmino* es denotado por m_i donde i es el valor decimal correspondiente a la combinación binaria obtenida a partir del minitérmino.

MAXITÉRMINO

Aquel término suma compuesto por el total de las variables de una función. Por ejemplo, dadas tres variables A,B,C cualesquiera, un *maxitérmino* podría ser $A+B+C$.

En un *maxitérmino*, cada variable no complementada asume 0 como valor, y 1 en caso contrario.

Un *maxitérmino* es denotado por M_i donde i, al igual que en el caso anterior, es el valor decimal correspondiente a la combinación binaria del término obtenida.

Así, a partir de una expresión $A\,B\bar{C}$ se obtiene la combinación binaria 110^5, cuyo valor decimal es **6**. Por lo tanto, la expresión $A\,B\bar{C}$ podría ser denotada como m_6, y $A+B+\bar{C}$ como M_1.

Dado que se trata de un álgebra booleana (la cual asume 1 de dos valores posibles), es correcto enunciar el siguiente teorema:

TEOREMA. Para n variables $x_1, x_2, \dots x_n$, existen 2^n términos posibles.

De esta forma, para dos variables A, B cualesquiera, podrían obtenerse los cuatro polinomios mínimos $A\,B$, $A\bar{B}$, $\bar{A}\,B$ y $\bar{A}\,\bar{B}$, o máximos correspondientes.

Formas de simplificación de una función booleana

La simplificación de funciones booleanas es una forma de representar las funciones, de manera tal que sea posible determinar si la reducción realizada sobre la expresión, es o no la reducción máxima posible.

Existen diferentes formas de representar una función booleana, entre las cuales pueden encontrarse las siguientes:

---

5   El número 110_2 se resuelve como decimal multiplicando cada uno de los números por 2 elevado a la posición en la que se encuentra el número, comenzando por cero de derecha a izquierda, y sumando sus resultados $110_2 = (1 \times 2^2) + (1 \times 2^1) + (0 \times 2^0) = 6_{10}$. Para saber más sobre el sistema binario, se sugiere leer el apartado «El sistema binario» en página 137.

1. Formas normales disyuntiva y conjuntiva.

2. Formas canónicas disyuntiva y conjuntiva.

3. Tablas de verdad.

4. Diagramas de Venn.

5. Mapas de Karnaugh.

Cada una de estas formas, se describe en lo sucesivo, haciendo principal énfasis en los mapas de Karnaugh, por considerarlos los más complejos pero a su vez, los que más rápido permiten identificar las reducciones.

Formas normales y canónicas

FORMA NORMAL DISYUNTIVA. SUMA DE PRODUCTOS (SOP). Es una función cuyos términos son la suma de términos producto. Por ejemplo, $f(A,B,C)=AB+\bar{C}B$ (en el ejemplo AB y $\bar{C}B$ son dos términos producto que se suman).

FORMA CANÓNICA DISYUNTIVA. Toda vez que los términos producto de una forma disyuntiva sean minitérminos, se considera una forma canónica y puede simplificarse reemplazando los términos producto por el minitérmino correspondiente. De esta forma, $f(A,B,C)=\bar{A}\bar{B}C+\bar{A}B\bar{C}$ podría ser expresado como $f(A,B,C)=m_1+m_2$ o por medio de un listado de los decimales correspondientes, con la siguiente expresión: $f(A,B,C)=\sum(1,2)$.

FORMA NORMAL CONJUNTIVA. PRODUCTO DE SUMAS (POS). Es una función cuyos términos son la multiplicación de términos suma. Por ejemplo, $f(A,B,C)=(A+B)(\bar{C}+B)$ (en el ejemplo, $A+B$ y $\bar{C}+B$ son dos términos suma que se multiplican).

FORMA CANÓNICA CONJUNTIVA. Toda vez que los términos suma de una forma conjuntiva sean maxitérminos, se considera una forma canónica y puede simplificarse reemplazando los términos suma por el maxitérmino correspondiente.

De esta forma, $f(A,B,C)=(A+B+C)(\bar{A}+B+\bar{C})$ puede ser expresado como $f(A,B,C)=M_0 \cdot M_5$ [6] o por medio de un listado de sus decimales con la siguiente expresión: $f(A,B,C)=\prod(0,5)$.

Se debe notar que en el proceso de simplificación de las formas canónicas, el procedimiento se inicia con la reorganización de los términos a fin de obtener los decimales como ordinales ascendentes. De esta forma, si la expresión original fuese $\bar{A}B\bar{C}+\bar{A}\bar{B}C$ se reorganizaría como $\bar{A}\bar{B}C+\bar{A}B\bar{C}$ para evitar obtener m_2+m_1 .

Tablas de verdad

Una tabla de verdad recoge todas las combinaciones de valores posibles para las variables de una función.

Tabla 14: *Tabla de verdad para la función* $f(A,B,C)=AB+\bar{C}B$

A	B	C	$\bar{C}$	AB	$\bar{C}B$	$AB+\bar{C}B$
0	0	0	1	0	0	0
0	0	1	0	0	0	0
0	1	0	1	0	1	1
0	1	1	0	0	0	0
1	0	0	1	0	0	0

---

6   Se utiliza la notación de punto medio como reemplazo del asterisco para diferenciar la notación matemática de la empleada en teoría de conmutación de circuitos.

A	B	C	$\bar{C}$	AB	$\bar{C}B$	$AB+\bar{C}B$
1	0	1	0	0	0	0
1	1	0	1	1	1	1
1	1	1	0	1	0	1
Variables de la función				Expresiones individuales		Función

Diagramas de Venn

Para representar una función booleana en un diagrama de Venn, se considera cada variable como un conjunto, donde la operación **AND** es una intersección, **OR** una unión, y el complemento (**INVERT**) es todo lo que no está dentro del conjunto.

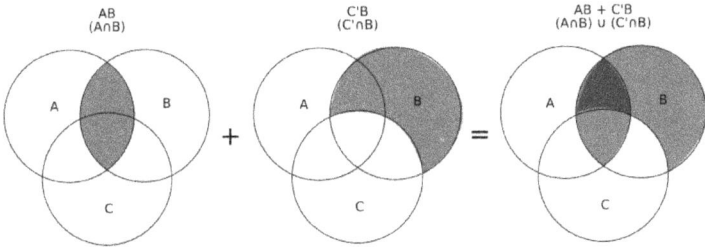

Imagen 2: *Diagram de Venn para la función*

Mapas de Karnaugh

Los mapas de Karnaugh (o K-map) son una forma de comprimir las tablas de verdad, y tienen por objetivo, llevar las mismas a la mínima cantidad de términos necesarios para representar una función. En estos diagramas, los minitérminos se representan en cuadrados, por lo que siempre habrá 2^n cuadrados, para n variables. De esta forma, los diagramas para 2, 3 y 4 variables tendrían $2^2=4$, $2^3=8$ y $2^4=16$ cuadrados respectivamente, como se observa en la imagen 3:

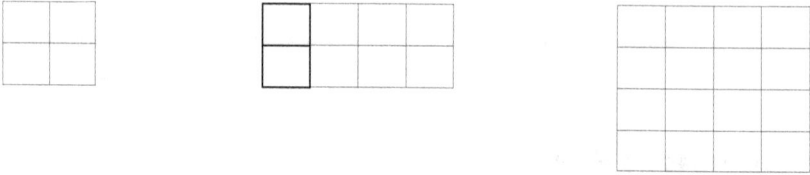

Imagen 3: *Cuadrados del diagrama de Karnaugh para 2, 3 y 4 variables*

Los nombres de las variables se van ubicando en la esquina superior izquierda y agrupando con un patrón como el de la imagen 4:

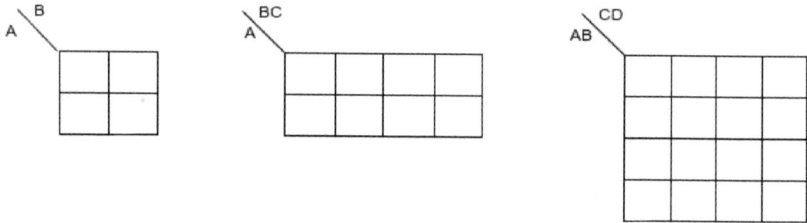

Imagen 4: *Distribución de variables en diagramas de Karnaugh*

En los bordes del diagrama, sobre cada cuadrado se coloca el valor binario o combinación de valores binarios para las variables, de forma tal que los valores adyacentes solo difieran por 1. Por ejemplo, para dos variables **CD**, los dos primeros valores serían `00` (C=0, y D=0), `01` (C se mantiene y solo **D** cambia), pero no podría ser `00, 11`, ya que no solo **C** cambiaría sino también **D**. La diferencia siempre debe ser de un único valor como en la imagen 5.

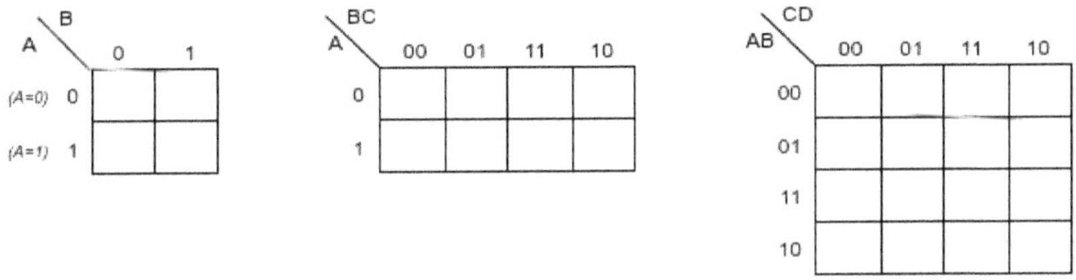

Imagen 5: *Disposición de valores binarios en los diagramas de Karnaugh*

Finalmente, dentro de los cuadrados se colocan los números decimales correspondientes a la combinación binaria de las coordenadas vertical-horizontal para cada cuadrado. Así, el valor para el cuadrado de **AB=10, CD=00** sería el decimal correspondiente al binario **1000=8**:

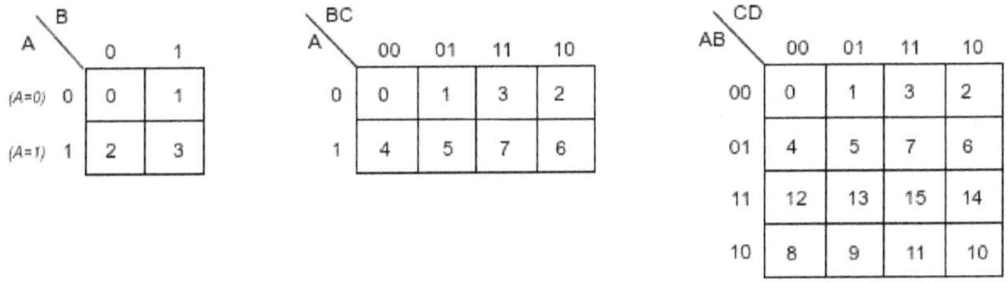

Imagen 6: *Disposición de los números decimales en el diagrama de Karnaugh*

Una vez creados los diagramas, conviene identificar las filas y columnas en las que cada una de las variables siempre es 1, tal como se muestra en la imagen 7, indicado con llaves.

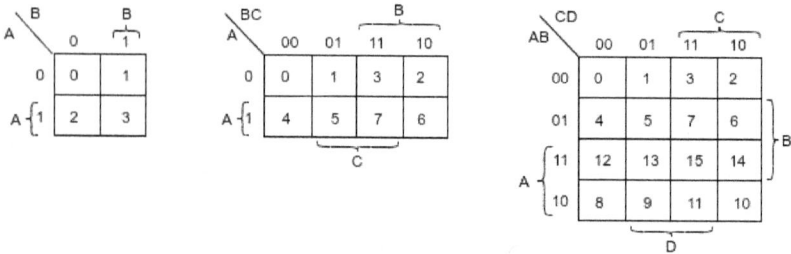

Imagen 7: *Diagrama de Karnaugh: identificación de filas y columnas en las que cada variable siempre tiene 1 como valor*

A continuación, se toma la expresión que se desea simplificar, se localizan los decimales de la expresión en el diagrama, y se los agrupa en cuadros adyacentes. Por ejemplo, la expresión $f(A,B,C)=\sum(3,4,6,7)$ se agruparía como se muestra en la imagen 8.

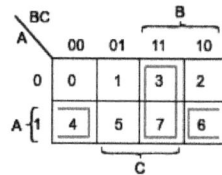

Imagen 8: *Agrupación de cuadros adyacentes*

Teniendo en cuenta que las filas representan los **AND** y las columnas los **OR** (en caso de minitérminos), se debe elaborar una lista por cada expresión que genera **1** para cada minitérmino agrupado, siempre eligiendo la expresión más corta.

Por ejemplo, en el caso anterior, la única expresión que da 1 tanto para el minitérmino 3 como para el 7, es ***BC*** , pues $\bar{A}BC$ o $\bar{A}C$

EUGENIA BAHIT. FUNDAMENTOS DE CIENCIAS INFORMÁTICAS PARA EL ABORDAJE DE LA PROGRAMACIÓN

solo son 1 para el 3 mientras que ABC solo para el 7. En el caso del minitérmino 4 (adyacente con el 6 por estar en los bordes, de allí que se dejase abierto el cuadro de selección) y el 6, $A\bar{C}$ es la expresión que da 1 en ambos casos, pues $A\bar{B}$ solo es 1 en el 4 y AB en el 6. Por lo tanto, la simplificación de la expresión $f(A,B,C)=\sum(3,4,6,7)$ es $f(A,B,C)=BC+A\bar{C}$.

Teoría de Grafos

La teoría de grafos posee varias aplicaciones para la solución de problemas en ciencias informáticas, siendo de principal interés para la teoría de autómatas, e indirectamente, para la teoría de la complejidad, por lo que en un principio, podría parecer (y resultar) innecesaria en el abordaje de la programación. Sin embargo, los grafos son excelentes herramientas para modelizar el flujo de la información en un programa informático. Por ello, resulta de interés en la resolución de problemas. A continuación, se presentarán los elementos de la Teoría de Grafos, pero su aplicación práctica será abordada en una edición futura.

Para la teoría de grafos, un grafo es un sistema matemático que a fin de proveer una mejor comprensión, puede ser representado gráficamente.

DEFINICIÓN. Un grafo G es un par ordenado (V,A) , donde V es un conjunto no vacío de vértices $V=\{v_1,v_2,...\}$ (también llamados nodos), y A , un conjunto no vacío de aristas[7] $A=\{a_1,a_2,...\}$, para las que se cumple que cada uno de los elementos $a_i \in A$ es un par no ordenado de vértices (v_j,v_k) .

---

7   **Arista:** Definida en el diccionario de la Real Academia Española, como una «línea que resulta de la intersección de dos planos».

De la definición anterior se desprenden tres elementos:

GRAFO   Conjunto de vértices interconectados por aristas.

VÉRTICE   Cada uno de los nodos de un grafo.

ARISTA   Cada una de las líneas que conectan los vértices de un grafo.

Algunas propiedades de los grafos, se resumen en la siguiente lista:

ADYACENCIA	Dos vértices se dicen adyacentes si están conectados de forma directa por medio de una arista.
DIRECCIONALIDAD	Un grafo se dice dirigido si todas sus aristas indican direccionalidad por medio de flechas.
ORDEN	El orden n de un grafo G se determina por la cantidad de sus vértices, tal que $n=|G|$.
GRADUALIDAD	La gradualidad de un vértice (o grado de un vértice) se define por la cantidad de aristas que confluyen en dicho vértice. Así, un vértice con dos aristas es un vértice de grado dos, y uno con siete aristas, un vértice de grado siete.

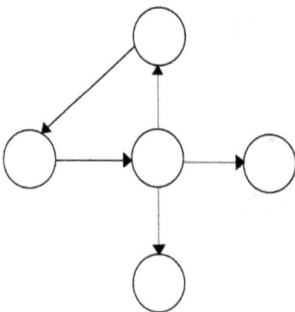

Imagen 9: *Grafo dirigido con vértice central de grado 3*

Teoría de la probabilidad discreta

PROBABILIDAD

Al hablar de *probabilidad* se está haciendo referencia a la oportunidad de ocurrencia de un suceso determinado. Si se mide en porcentaje, un suceso con muchas probabilidades de ocurrencia se acercará al 100% mientras que uno sin ninguna probabilidad, será del 0%.

La probabilidad de un suceso se denota por $P(S)$ para S definido como el suceso cuya ocurrencia está siendo estimada.

Algunos conceptos elementales sobre la teoría de la probabilidad

ESPACIO MUESTRAL

Un espacio muestral es un conjunto de sucesos posibles. Por ejemplo, al lanzar un dado existen seis sucesos posibles: que salga el número 1, que salga el número 2, el 3 y así hasta el 6. El espacio muestral se denota por E y se define como un conjunto.

PUNTO MUESTRAL

Se refiere como punto muestral a cada elemento en un espacio muestral. La cantidad de puntos muestrales se denota por n y se corresponde con la cardinalidad del conjunto.

SUCESO

Un suceso, es un conjunto de resultados dentro de un espacio muestral. Se pueden encontrar sucesos de varios tipos:

- simples;

- compuestos;

- dependientes;

- independientes; o

- mutuamente excluyentes.

Sucesos simples mutuamente excluyentes

Son sucesos que pueden ocurrir excluyendo al resto de sucesos posibles. Es decir, si ocurre un suceso, no pueden ocurrir los otros.

Suceso compuesto

Es aquel suceso que se conforma de dos o más sucesos.

Cálculo de probabilidades

De sucesos simples mutuamente excluyentes

Si se considera un espacio muestral A, cada uno de los puntos muestrales k, quedará denotado por A_k y la probabilidad de éstos, designada como $P(A_k)$, quedará determinada por:

$$P(A_k) = \frac{1}{n}$$

La probabilidad de cada punto muestral, como sucesos excluyentes entre sí, es la misma para cada suceso. Por ejemplo, para el lanzamiento de un dado la probabilidad de que salga 1, 2, o 6 es la misma. Siendo $E = \{1,2,3,4,5,6\}$ la probabilidad de cada elemento será $1/n$, tal que:

$$P(6) = P(5) = P(4) = P(3) = P(2) = P(1) = \frac{1}{n} = \frac{1}{6}$$

De sucesos compuestos por

Cuando los sucesos simples que conforma al suceso compuesto A son mutuamente excluyentes, la probabilidad del suceso compuesto estará dada por la suma de las probabilidades de cada suceso simple $P(A_k)$, tal que:

$$P(A)= P(A_1)+P(A_2)+...+P(A_k)$$

Por ejemplo, para estimar la probabilidad de que en un único lanzamiento de dado, salga un número par, se obtiene el suceso $A=\{2,4,6\}$ dado por la suma de las probabilidades de cada uno de sus sucesos simples $P(2)+P(4)+P(6)$ para el espacio muestral $E=\{1,2,3,4,5,6\}$ tal que:

$$P(A)= P(2)+P(4)+P(6)$$
$$P(A)=\frac{1}{6}+\frac{1}{6}+\frac{1}{6}=\frac{3}{6}$$
$$P(A)=\frac{1}{2}$$

En el primer resultado $\frac{3}{6}$ (en el segundo paso, antes de hallar el máximo común divisor [MCD] y reducir la fracción a $\frac{1}{2}$), el numerador es equivalente a la cantidad de sucesos simples dentro del suceso compuesto «números pares» y se denota por h . El denominador, 6 , es n , el total de todos los sucesos del espacio muestral. De esta forma, la probabilidad de un suceso compuesto A por sucesos mutuamente excluyentes queda dada por el cociente de h y n tal que:

$$P(A)=\frac{h}{n}$$

Un suceso compuesto se puede denotar por la unión de sus sucesos simples, tal que:

$$P(A_1 \cup A_2 \cup ... A_k) = P(A_1) + P(A_2) + ... P(A_k)$$

Por ejemplo, para el caso del suceso «números pares», se obtiene que:

$$P(2 \cup 4 \cup 6) = P(2) + P(4) + P(6)$$
$$P(2 \cup 4 \cup 6) = \frac{1}{6} + \frac{1}{6} + \frac{1}{6} = \frac{3}{6}$$
$$P(2 \cup 4 \cup 6) = \frac{1}{2}$$

Tal que $P(2 \cup 4 \cup 6)$ es un suceso y $P(2)$, $P(4)$ y $P(6)$ son las probabilidades de los tres sucesos que lo componen. En un nuevo contexto, $P(2 \cup 4 \cup 6)$ puede ser tratado como un suceso A.

DE SUCESOS DEPENDIENTES

Se refiere a la probabilidad de que dos sucesos ocurran simultáneamente siendo que el segundo suceso depende de la ocurrencia del primero.

La probabilidad de que ocurra B si ocurre A, se denota por $P(A|B)$ y se lee como "la probabilidad de B dado A", tal que:

$$P(B|A) = \frac{P(A \cap B)}{P(A)}$$

Donde $P(A \cap B)$ es la probabilidad de la intersección de los sucesos de A y B — definida como: $P(A \cap B) \equiv P(A) P(A|B)$ —, tal que la intersección es un nuevo suceso compuesto por sucesos simples. En el siguiente ejemplo, equivaldría a $\{1,3\}$ (porque 1 y 3 están tanto en A como en B). Por ejemplo, ¿qué probabilidad existe de que al lanzar un dado resulte un número impar menor que 4? El lanzamiento del dado es un suceso en sí mismo. Se desea averiguar la probabilidad de $B=\{1,2,3\}$ (número menor que 4) dado que $A=\{1,3,5\}$ (número impar) ocurriese en el espacio muestral $E=\{1,2,3,4,5,6\}$.

Para calcular la probabilidad de una intersección, primero se obtiene la intersección $A \cap B=\{1,3\}$, y luego, se calcula la probabilidad del nuevo suceso compuesto $\{1,3\}$:

$$P(A \cap B)= P(1)+ P(3) = \frac{1}{6}+\frac{1}{6}=\frac{2}{6}=\frac{1}{3}$$

o, lo que es igual:

$$P(A \cap B)= \frac{h}{n}=\frac{2}{6}=\frac{1}{3}$$

Es necesario además, obtener la probabilidad de A , teniendo en cuenta que es también un suceso compuesto:

$$P(A)=\frac{h}{n}=\frac{3}{6}=\frac{1}{2}$$

Finalmente, se obtiene que:

$$P(B|A)= P(A \cap B)$$
$$P(B|A)=\frac{1/3}{1/2}$$
$$P(B|A)=\frac{2}{3}=0.\overline{6}$$

A diferencia del caso anterior, aquí la probabilidad de que ocurra B no está afecta por la ocurrencia de A. Por ejemplo, la probabilidad de lanzar un dado y obtener un número par (suceso B) no está afectada por el hecho de que en un lanzamiento previo se obtuviese un número impar (suceso A). La probabilidad de B es independiente de A y está dada por el producto de la probabilidad de ambos sucesos:

$$P(A \cap B) = P(A)\,P(B)$$

Aquí la intersección es la probabilidad de que confluyan ambos sucesos.

Calculada la probabilidad de ambos sucesos independientes, se multiplican obteniendo el espacio muestral para ambos sucesos, y la probabilidad de A:

$$A = \{1,3,5\}$$
$$P(A) = \frac{h}{n} = \frac{3}{6} = \frac{1}{2}$$

Principio de inducción matemática

Para quien se inicia en la programación, el principio de inducción matemática puede resultar no solo ajeno y poco familiar, sino además, excesivamente complejo y carente de utilidad práctica. Sin embargo, este principio es la base fundamental de la recursividad.

Para quienes alguna vez hayan tenido contacto con la programación, se habrán topado con iteraciones difíciles de demostrar sin ejemplos concretos. Pero en muchos casos, también existe una imposibilidad de acceder a esos ejemplos concretos o los mismos resultan insuficientes para la demostración. Y es allí donde el principio de inducción matemática encuentra su utilidad práctica. En esta sección se explicará la inducción matemática acompañándola de un ejemplo práctico, pero su aplicación en la recursividad será abarcada en futuras ediciones.

INDUCCIÓN MATEMÁTICA

La *inducción matemática* es un método empleado para demostrar formalmente —y con certeza lógica— que un teorema se cumple para un número infinito de casos. De esta forma, una declaración S sobre cualquier número natural n (denotada como $S(n)$), es verdadera para todo $n \in \mathbb{N}$.

El principio de inducción, establece que:

1. $S(1)$ es verdadero.

2. Que si $S(k)$ es verdadero para $k=n$, y $S(k+1)$ es también verdadero, entonces $S(n)$ será verdadero para cualquier valor de $n \in \mathbb{N}$.

Dicho de otro modo, si A es un subconjunto de enteros positivos para el que se cumple que $1 \in A$, se asume como verdadero que $a \in A \Rightarrow a+1 \in A$, y por lo tanto, $A = \mathbb{N}$.

El método inductivo propone demostrar entonces, que si una declaración es válida para n lo es también para $n+1$, siguiendo tres pasos:

Base de la inducción: prueba que la declaración sea verdadera para el número n más bajo posible (comúnmente, $n=0$ o $n=1$).

Hipótesis inductiva: se asume que $S(n)$ es verdadera para algún valor de n, y $n=k$.

Paso inductivo: prueba que la declaración también es verdadera cuando $n=k+1$.

Lo anterior puede verse en el ejemplo descrito a continuación. En el mismo, se intentará demostrar que el siguiente teorema es válido para cualquier n.

TEOREMA: $4+9+14+19+\ldots+(5n-1)=\dfrac{n}{2}(3+5n)$

BASE: Se toma 1 como menor valor posible de n y se sustituye en todas sus apariciones, a partir del término general de la progresión aritmética ($5n-1$): $((5x1)-1)=\dfrac{1}{2}(3+(5x1))$. Luego, se resuelve la ecuación a ambos lados:

$$((5)-1)=\frac{1}{2}(3+(5))$$

$$4=\frac{1}{2}(8)$$

$$4=\frac{8}{2}$$
$$4=4$$

Y así se demuestra que el teorema es válido para $n=1$.

HIPÓTESIS: El teorema se asume verdadero para $n=k$:

$$4+9+14+19+...+(5k-1)=\frac{k}{2}(3+5k)$$

INDUCCIÓN: se debe demostrar que el teorema también es válido cuando sea $n=k+1$, es decir, no solo para $(5k-1)$, sino también, para $(5(k+1)-1)$.

Se demostrará entonces $4+9+14+19+...+(5k-1)+(5(k+1)-1)$. Para ello, se comienza sustituyendo todas las apariciones de k por $k+1$, a la derecha, para resolver ambos lados:

$$4+9+14+19+...+(5k-1)+(5(k+1)-1)=\frac{k+1}{2}(3+5(k+1))$$

Por la base, se sabe que $(5n-1)=\frac{n}{2}(3+5n)$, y por la hipótesis, se sabe que $n=k$, por lo que se reemplaza $(5k-1)$ (el equivalente a $(5n-1)$), por $\frac{k}{2}(3+5k)$ obteniendo:

$$(\frac{k}{2}(3+5k))+(5(k+1)-1)=\frac{k+1}{2}(3+5(k+1))$$

Se resuelve entonces a partir de allí, comenzando por el primer término de la izquierda. Se multiplica entonces $\frac{k}{2}(3)=\frac{3k}{2}$ y $\frac{k}{2}(5k)=\frac{5k^2}{2}$ (porque $k\cdot k=k^2$), y luego el segundo, multiplicando $5\cdot k=5k$, y $5\cdot 1=5$, que $-1=4$.

Se obtiene entonces:

$$\frac{3k}{2}+\frac{5k^2}{2}+5k+4=\frac{k+1}{2}(3+5(k+1))$$

Se realiza ahora la suma para lo que se iguala primero el denominador para $5k$ como $\frac{10k}{2}$ ya que $10k/2=5k/1$, y se suman los términos de mismo grado obteniendo:

$$\frac{13k}{2}+\frac{5k^2}{2}+4=\frac{k+1}{2}\left(3+5\left(k+1\right)\right)$$

Se resuelve ahora el lado derecho, multiplicando primero el paréntesis y luego sumándolo, donde $5\cdot1k=5k$, $5\cdot1=5$, y luego, $3+5=8$:

$$\frac{13k}{2}+\frac{5k^2}{2}+4=\frac{k+1}{2}\left(5k+8\right)$$

Se multiplica ahora $k+1/2$ por $5k$ y luego por 8 para finalmente poder multiplicar los términos de forma independiente:

$$\frac{13k}{2}+\frac{5k^2}{2}+4=\frac{5k\left(k+1\right)}{2}+\frac{8\left(k+1\right)}{2}$$

Multiplicando los términos de forma independiente y manteniendo el denominador, se obtiene que $5k\cdot k=5k^2$ más $5k\cdot1=5k$, y que $8\cdot k=8k$ más $8\cdot1=8$. Ahora, se pueden simplificar los dos primeros términos (donde $8/2=4$). Sin embargo, se mantiene el primero (para poder sumarlo al último, del mismo grado, donde $8k+5k=13k$) y solo se simplifica el segundo, obteniendo que:

$$\frac{13k}{2}+\frac{5k^2}{2}+4=\frac{8k}{2}+\frac{8}{2}+\frac{5k^2}{2}+\frac{5k}{2}$$

$$=\frac{8k}{2}+4+\frac{5k^2}{2}+\frac{5k}{2}$$

$$=\frac{13k}{2}+4+\frac{5k^2}{2}$$

Por la propiedad conmutativa de la suma, se reorganizan los términos (pasando el 4 al final) y se obtiene una igualdad, demostrando la validez formal del argumento, es decir, demostrando que el teorema es válido también para $k+1$.

Sobre los números primos

Al mencionar los conjuntos numéricos (ver página 64) se habló brevemente de los números primos. Los números primos representan la base de la criptografía moderna, y en especial, del algoritmo criptográfico RSA del cual se hablará en el Capítulo VII. Este algoritmo se basa en la obtención de números primos para dotar de complejidad al sistema de cifrado y dificultar los mecanismos para romperlo. A fin de comprender la complejidad en la que se basa RSA, a continuación se hará un recorrido por el sistema de números primos, su cálculo y generación.

Como se comentó al comienzo de este capítulo, un número primo es un número natural mayor que 1 y que solo puede ser divisible, de forma natural, por 1 y por sí mismo, sin dejar resto. Como contrapartida, se encuentran los números compuestos, que son números divisibles por cualquier otro número a parte de por 1 y de sí mismos, sin dejar resto.

Para conocer la cantidad de números primos que pueden encontrarse en números naturales menores que n , se puede realizar un cálculo aproximado. Siendo n un número natural, la cantidad de números primos menores que n queda determinada por:

$$\pi(n) \approx \left| \frac{n}{\ln(n)} \right|$$

Donde $\ln$ es el logaritmo natural con base e de n, $|expresión|$ representa la parte entera de *expresión* y $\pi(n)$ es la función que contabiliza la cantidad de números primos.

LOGARITMO   El logaritmo de un número n con base b, es el exponente al cuál debe elevarse la base b para obtener n.

LOGARITMO NATURAL   Se denomina logaritmo natural a un logaritmo con base e, y se lo denota por $\ln$.

NÚMERO DE EULER   El *número de Euler* es una constante irracional denotada por e y cuyo valor (truncado a los primeros decimales) se aproxima a $e \approx 2.7182818284590...$.

Para generar números primeros la complejidad reside en que no existe una expresión matemática que permita generarlos. La obtención automatizada de números primos es compleja, sobre todo cuando se la quiere aplicar en criptografía, dado que los números primos con los cuáles trabajan algoritmos tales como RSA, actualmente manejan longitudes no menores a 2048 bits[8].

Existen varios métodos propuestos para obtener números primos. A continuación, se estudian las fórmulas de *Mersenne* y *Fermat*, y entre los métodos de cribado para la generación de números primos, la *Criba de Eratóstenes*.

FÓRMULA DE   El teólogo francés Marin Mersenne (1588 - 1648)
MERSENNE   propuso la fórmula $2^p - 1$ para obtener números primos pero más adelante se demostró que no necesariamente todos los números obtenidos con dicha fórmula arrojaban números primos, como

---

8   Para entender la magnitud que 2048 bits representan, se recomienda leer la sección «*El sistema binario*» en la página 137.

sucede con la potencia 4, ya que $2^4 - 1 = 15$.

De allí, todo número obtenido con la fórmula $2^p - 1$ se conoce como *número de Mersenne* y si dicho número es primo, como *número primo de Mersenne*.

MÓDULO

El módulo m de un número n para $m, n \in \mathbb{N}$ es el resto de la división de n entre m .

La obtención del módulo m de un número cualquiera, es clave para la evaluación de números primos, puesto que si el módulo m de un número n es igual a 0 para m distinto a 1 y distinto a n , entonces n no es primo.

FÓRMULA DE FERMAT

El jurista matemático francés, Pierre Fermat (1601 - 1665), propuso la fórmula $2^{(2^n)} + 1$ para la obtención de números primos. Al igual que con la fórmula de Mersenne, no todos los números obtenidos con la fórmula de Fermat resultan en números primos.

Ejemplo de ello es la potencia 5 donde $2^{(2^5)} + 1 = 4294967297$ y $4294967297 \bmod 641 = 0$.

CRIBA DE ERASTÓTENES

La criba de Eratóstenes es un método manual para obtener números primos de 2 a n para $n > 2$.

Una *criba* es una selección rigurosa de elementos, con un método específico.

El astrónomo y matemático Eratóstenes de

Alejandría (276 a.C. – 194 a.C.), creó un método de cribado para encontrar números primos, conocido como *Criba de Eratóstenes*.

Erastótenes postuló que:

Dado un número natural $n \geq 1$ se pueden obtener todos los números primos $\leq n$, si de un conjunto de números naturales IN desde i (para $i=2$) hasta n , por cada i , se suprimen todos sus múltiplos hasta alcanzar $|\sqrt{n}|$.

El procedimiento de cribado manual, queda determinado entonces, de la siguiente forma:

1) Se realiza un listado de los números naturales desde 2 hasta n :

```
2    3    4    5    6    7    8    9    10
11   12   13   14   15   16   17   18   19
20   21   22   23   24   25   26   27   28
29   30   31   32   33   34   35   36   37
```

2) Se selecciona el primer número NO eliminado i (ni seleccionado previamente), y se eliminan todos sus múltiplos desde i^2 :

```
2    3    4    5    6    7    8    9    10
11   12   13   14   15   16   17   18   19
20   21   22   23   24   25   26   27   28
29   30   31   32   33   34   35   36   37
```

3) Se repite el paso 2 hasta alcanzar $|\sqrt{n}|$ (en este

caso es 6):

2 3 4 5 6 7 8 9 10
11 12 13 14 15 16 17 18 19
20 21 22 23 24 25 26 27 28
29 30 31 32 33 34 35 36 37

Los números que no han sido eliminados, son los números primos $\leq n$:

2 3 5 7 11 13 17 19 23 29 31 37

CAPÍTULO III. TEORÍA DE LA COMPUTACIÓN

La Teoría de la Computación es la base íntegra de la informática aplicada. En ella confluyen las tres teorías más significativas de la informática: la teoría de autómatas, la teoría de la computabilidad, y la teoría de la complejidad.

Para el abordaje de la programación, la teoría de autómatas otorga una base de razonamiento necesaria para comprender cómo resolver los problemas computacionalmente, mientras que las teorías de la computabilidad y de la complejidad, ofrecen herramientas para resolver esos problemas.

Teoría de lenguajes formales

La *teoría de los lenguajes formales* constituye la base para la definición de la teoría de autómatas, y como consecuencia, de las teorías de la computabilidad, y de la complejidad, y junto con estas tres, simboliza el pilar de los lenguajes de programación. Por este motivo, su estudio no debería ser ajeno al abordaje de la programación.

La teoría de lenguajes formales es un desarrollo posterior a las teorías que hoy, dependen de ellas. Esto implica que al momento de proponer los autómatas y las máquinas de Turing, se hizo necesario el desarrollo de teorías que permitiesen validar científicamente dichos conceptos.

A continuación, se presentan los principales elementos de esta teoría, a fin de servir de base para la comprensión de las teorías venideras.

Elementos de la teoría de los lenguajes formales

ALFABETO

Un *alfabeto* Σ es un conjunto finito de elementos, es decir, de símbolos.

SÍMBOLO

Un *símbolo* es una entidad abstracta que no puede ser definida formalmente.

CADENA

Una *cadena* α es una secuencia ordenada de símbolos de un alfabeto Σ. Dependiendo de la naturaleza de su estudio, una cadena también puede ser denominada, *palabra* o *sentencia*.

Una cadena de n símbolos es una cadena de longitud n, o lo que es igual una cadena

$$|\alpha| \quad .$$

Una cadena cualquiera se denota genéricamente por α , mientras que una cadena concreta se denota por una de las últimas letras minúsculas del alfabeto latino: u, v, w, x, y, z .

CADENA VACÍA

Una *cadena vacía* se denota por ϵ (épsilon)[9] y se define como una cadena de longitud cero, tal que $|\epsilon| = 0$.

PREFIJO

Es prefijo de una cadena, cualquier secuencia de símbolos desde el inicio de la cadena, incluidos ϵ y la propia cadena. Se denomina *prefijo propio de la cadena* a cualquier secuencia de símbolos desde el inicio de la cadena, exceptuando a α .

SUFIJO

Es sufijo de una cadena, cualquier secuencia de símbolos hacia el final de la cadena, incluidos ϵ y la propia cadena. Se denomina *sufijo propio de la cadena* a cualquier secuencia de símbolos hacia el final de la cadena, exceptuando a α .

LENGUAJE

Un *lenguaje* L es el conjunto de todas las cadenas de un alfabeto. Formalmente, se denomina lenguaje L al conjunto de cadenas sobre un alfabeto Σ , tal que $\Sigma^* = \{\alpha | \alpha_1, \alpha_2 ..., \alpha_n\}$. Dado un alfabeto Σ , un lenguaje L se definirá entonces como cada uno de los subconjuntos de Σ^* (leído «cerradura estrella de sigma»), donde Σ^* es el conjunto de todas las cadenas $\alpha \in \Sigma$,

---

9   Obsérvese que algunos/as autores/as denotan la cadena vacía por λ (lambda).

y Σ^+ (leído como «cerradura positiva de sigma») es la diferencia entre $\Sigma^* - \epsilon$.

GRAMÁTICA

Una *gramática* es un conjunto finito de reglas que permiten generar cadenas sintácticamente válidas. Una gramática G es una 4-tupla (*cuádrupla*) de la forma (V, T, P, S) donde:

V es un conjunto finito no vacío de *variables* denominadas *no terminales* (por ello a veces se denota por N), y en el que se cumple que $V \cap T = \emptyset$.

T es un conjunto finito no vacío de elementos llamados *terminales*. A veces denotado por Σ .

P es un conjunto finito de reglas sintácticas con la forma $\alpha \rightarrow \beta$, donde $\alpha, \beta \subset (V \cup T)^*$ (se conoce como vocabulario de L), $\alpha \neq \epsilon$ y tiene al menos un elemento de V .

S es un símbolo llamado símbolo de inicio para el que se cumple $S \in V$.

GRAMÁTICA INDEPENDIENTE DEL CONTEXTO

Es una gramática para la que se cumple que P tiene la forma $A \rightarrow \alpha$, para A siendo una no terminal cualquiera, y α una forma sentencial.

La tabla 15 resume los símbolos que representan a cada uno de los

EUGENIA BAHIT. FUNDAMENTOS DE CIENCIAS INFORMÁTICAS PARA EL ABORDAJE DE LA PROGRAMACIÓN

conceptos precedentes, así como su definición formal en los casos en los que esta aplique.

Tabla 15: *Resumen de definiciones formales y denotación de elementos de la Teoría de Autónomas*

Elemento	Símbolo	Definición formal o Denotación
Cadena	α	...
Cadena Vacía	ϵ	$\epsilon = \emptyset$
Lenguaje	L	$\Sigma^* = \{ \alpha \mid \alpha_1, \alpha_2 ..., \alpha_n \}$
Gramática	G	$G = \{ V, T, P, S \}$ $P = \alpha \rightarrow \beta$
Gramática independiente del contexto	G	$G = \{ V, T, P, S \}$ $P = A \rightarrow \alpha$

El formato Backus Naur (BNF)

Backus Naur Form (BNF) es un sistema de notación matemática utilizado frecuentemente para describir los lenguajes informáticos, sean estos —o no— lenguajes de programación.

En ciencias informáticas en general —y sobre todo en el abordaje de la programación—, su aprendizaje es de utilidad para comprender tanto documentación científica como manuales de referencia y de estándares.

Se trata de un lenguaje formal, es decir, que describe *la forma*. Dado que se utiliza para describir la sintaxis de otros lenguajes, puede ser clasificado como un *metalenguaje*.

La finalidad de un lenguaje formal es suprimir la ambigüedad semántica de las palabras, puesto que solo se concentra en la forma del lenguaje que describe, y no en su significado.

Ejemplos de aplicación de BNF en ciencias computacionales, pueden encontrarse en las páginas del manual de Unix/Linux (*man*), en las RFC (*request for comments*) de las cuales se desprende la mayor base de conocimiento sobre estándares y protocolos informáticos, y en las guías de referencia oficiales de los lenguajes informáticos en general.

Los principales símbolos que componen el formato extendido de Backus Naur se pueden encontrar junto a su descripción y ejemplo, en la tabla 16.

Tabla 16: *Símbolos básicos del formato Backus Naur (BNF)*

SÍMBOLO	DESCRIPCIÓN	EJEMPLO
<...>	Identificador de variable	<Apellido>
[...]	Elemento opcional	[<Apellido>]
{...}	Elementos repetidos (conjunto)	{<países>}
...|...	Opciones (simboliza un **OR** lógico)	<email>|<teléfono>
(...)	Agrupación de elementos	(0|1)|(9|15)
Cadena	Texto literal (no es identificador ni variable)	Apellido
n:m	Rango (desde *n* hasta *m*)	0:25
::=	Definición	<n> ::= Número natural

Se debe notar que BNF diferencia mayúsculas de minúsculas. Esto significa que mientras que la expresión $(a|b)$ ofrece la opción de elegir entre las letras a minúscula y b minúscula, la instrucción

$(A|B)$ estará ofreciendo la opción de las letras A o B en mayúsculas.

Algunos ejemplos de uso pueden verse a continuación:

```
# BNF para completar un formulario
Nombre: <Primer apellido>[ <Segundo apellido>], <Nombres>
Género: Femenino|Masculino|No binario
```

Lo anterior, podría producir cualquiera de los siguientes resultados, todos ellos igual de válidos:

```
# Resultado con un solo apellido
Nombre: Bahit, Eugenia
Género: Femenino
```

```
# Resultado con dos apellidos y dos nombres
Nombre: López Puentes, Juan Pedro
Género: No binario
```

Informáticamente, se pueden encontrar ejemplos en la definición de la sintaxis de diversos lenguajes informáticos. Algunos de ellos son:

- En el lenguaje de consulta **SQL**, en la descripción de la sintaxis de una instrucción para crear una base de datos:

    ```
    CREATE DATABASE <nombre_de_la_base_de_datos>;
    ```

- En el lenguaje de programación **Python**, para describir la instrucción con la que se puede importar un elemento particular desde una biblioteca específica:

    ```
    from <biblioteca> import <elemento>
    ```

- En el lenguaje de programación **PHP**, para describir como importar el código fuente de un archivo dentro de otro:

    ```
    require_once "<archivo>";
    ```

- En el lenguaje de programación **C**, para disponer del código fuente de una biblioteca determinada:

```
#include <biblioteca>
```

Algunas notaciones como `::=` (definición) podrían resultar algo confusas. Si bien su uso puede emplearse para definiciones en lenguaje natural tales como:

```
<colección> ::= Lista de objetos de un mismo tipo
```

Su uso habitual es la descripción de la forma de un elemento, como en el siguiente caso:

```
<URI> ::= "<esquema>://<host>/"
```

También suele emplearse para definir el tipo de datos de un elemento:

```
<colección> ::= ArrayType
```

No obstante, si bien su uso más conocido es el de los casos expuestos anteriormente, el formato BNF se presenta en este apartado dada su aplicación en las teorías de autómatas, de la computabilidad, y de la complejidad, de las cuales se hablará a continuación.

Teoría de Autómatas

La *teoría de autómatas* constituye los cimientos de la informática teórica y con ella, el de las ciencias informáticas en su conjunto. Si bien su estudio puede parecer ajeno a la programación, contrario a esta creencia, ayuda a comprender tanto la forma en la que la información se procesa, como el flujo de esta en todo su recorrido. Entender este flujo es esencial para el diseño de algoritmos.

Dado que su comprensión puede resultar compleja debido a su perspectiva teórica, el tema será abarcado en tres etapas: una primera etapa introductoria donde se presentarán en lenguaje natural, las definiciones de los conceptos básicos del modo más categórico posible; una segunda etapa, donde se presentarán las definiciones formales de los conceptos introducidos; y finalmente, tras consolidar los conocimientos tanto a nivel conceptual como formal, se pondrá el foco en el funcionamiento de los autómatas y su relación con la teoría de los lenguajes formales.

Definiciones previas

AUTÓMATAS

AUTÓMATAS FINITOS

Los *autómatas* son modelos computacionales.

Un *modelo* es un esquema teórico (abstracto) elaborado para comprender y estudiar el comportamiento de un sistema complejo.

Por *computacional*, se refiere a que dicho sistema es un sistema que lleva a cabo acciones de cómputo.

Se puede inferir entonces, que un *autómata* es un esquema teórico que permite estudiar y comprender el comportamiento de un sistema de cómputo complejo.

Dado que la capacidad de memoria de los sistemas de cómputo es limitada, se dice que los autómatas son **autómatas finitos**, pues definen modelos para ordenadores con una capacidad limitada de memoria.

En términos de aplicación, los autómatas finitos son los modelos teóricos empleados para el desarrollo de circuitos secuenciales[10].

ESTADOS Y TRANSICIONES FUNCIÓN DE TRANSICIÓN

En un modelo básico, cada entrada (*input*) es transformada secuencialmente en una salida (*output*). El proceso de transformación de una entrada en una salida se denomina **transición**, y es llevado a cabo por una función conocida como **función de transición**. El resultado de la ejecución de dicha función es lo que se conoce como **estado**.

AUTÓMATAS FINITOS DETERMINISTAS Y NO DETERMINISTAS

Los autómatas son modelos computacionales que toman decisiones a partir de unos datos de entrada. Esas decisiones, se traducen en cambios de estado.

Si a partir de una entrada el autómata debe decidir entre múltiples opciones, significa entonces, que a partir de esa entrada puede derivar en diferentes estados. En cambio, si por cada entrada solo puede arribar a un único estado, significa que solo existe una opción (la decisión entonces, no requiere "optar", pues existe una —y solo una— opción posible).

Un **autómata determinista** es aquel autómata finito que para cada entrada tiene asignado un único estado de transición posible, mientras

---

10   Para una ampliación sobre circuitos secuenciales, referirse a la página 160, *Circuitos combinados y secuenciales*.

que un **autómata no determinista**, es aquel autómata finito que por cada entrada, tiene asignadas dos o más estados de transición entre los cuales decidir.

DIAGRAMAS DE ESTADO Un *diagrama de estado* es un grafo[11] empleado para representar los diferentes estados de un autómata.

Definiciones formales

AUTÓMATA FINITO. AUTÓMATA FINITO DETERMINISTA **(AFD)**. Es una quíntupla $(Q, \Sigma, \delta, q_0, F)$ donde:

Q es un conjunto finito de estados.

Σ es un alfabeto.

δ es la función de transición $\delta: Q \times \Sigma \to Q$.

q_0 es el estado de inicio donde $q_0 \in Q$.

F es el conjunto de estados finales (o estados de aceptación) donde $F \subset Q$.

AUTÓMATA FINITO NO DETERMINISTA **(AFN)**. Es una quíntupla $(Q, \Sigma, \delta, q_0, F)$ donde respecto al AFD solo cambia la función de transición por:

δ es la función de transición $\delta: Q \times \Sigma_\epsilon \to P(Q)$ donde $\Sigma_\epsilon = \Sigma \cup \{\epsilon\}$.

---

11   Para este tema, referirse a la página 87, en «*Teoría de Grafos*».

Tabla 17: *Resumen de definiciones formales y denotación de elementos de la Teoría de Autónomas*

Tipo de Autómata	Símbolo	Definición formal o Denotación
Determinista	M	$M = \{Q, \Sigma, \delta, q_{0,} F\}$ $\delta : Q \times \Sigma \rightarrow Q$
No Determinista	M	$M = \{Q, \Sigma, \delta, q_{0,} F\}$ $\delta : Q \times \Sigma_{\epsilon} \rightarrow P(Q)$

En la siguiente etapa, se esclarecerá la forma en la que los conceptos precedentes se relacionan, explicando el funcionamiento de los mismos y empleando ejemplos gráficos que faciliten su comprensión.

Funcionamiento de los autómatas y su relación con los elementos de la teoría de los lenguajes formales

La relación entre *alfabeto, símbolos, cadenas, lenguajes,* y *gramáticas* con los *autómatas* se explica de la siguiente forma:

- Los símbolos conforman un alfabeto.

- Las diversas combinaciones de estos símbolos son empleadas para crear cadenas, que en su conjunto conforman los lenguajes.

- Estos lenguajes son los aceptados por los autómatas.

- Y el procesamiento de los lenguajes, depende de las reglas definidas en las gramáticas de los mismos.

Un alfabeto Σ_1 puede definirse como: $\Sigma_1 = \{a, b\}$. Mientras que Σ_1 es el alfabeto, a y b son sus símbolos. Una cadena x

se conformará entonces, por la combinación de los símbolos del alfabeto Σ_1 . Así $x=aabb$ es una cadena sobre el alfabeto Σ_1 y $y=bbbb$ [12] es otra. El conjunto de todas las cadenas, conformará entonces el lenguaje L que se denotará por Σ^* . Así, $\Sigma^*=\{a,b,aa,bb,ab,aabb,aaabbb,aaaabbbb,aaaaa,bbbbb,...\}$.

Un autómata finito determinista (AFD) M_1 que reconozca dicho lenguaje, podría quedar definido de la siguiente forma: $M_1=(\{q_1,q_2,q_3\},\{a,b\},\delta,q_1,\{q_2\})$. Es decir que $Q=\{q_1,q_2,q_3\}$ (es el conjunto de todos los estados Q de M_1); $\Sigma=\{a,b\}$ (es el alfabeto Σ reconocido por M_1), la función de transición será $\delta:Q\times\Sigma\rightarrow Q$; de todos los estados Q , q_1 sería el estado de inicio (es decir $q_0=q_1$) y $F=\{q_2\}$ (el conjunto de todos los estados finales, es decir, de los estados de aceptación del autómata). El autómata, entonces, recibirá diferentes cadenas sobre el alfabeto reconocido. Cada símbolo de la cadena, será procesado por la función de transición, la cual, dependiendo del estado actual en el que se encuentre el autómata, y del símbolo recibido, pasará al siguiente estado.

El conjunto de las cadenas aceptadas por el autómata M_1 conforman el lenguaje L del autómata, $L(M_1)$.

Mientras **las cadenas son *aceptadas*** por un autómata, **los lenguajes son *reconocidos*.**

---

12 Léase como letra "*ye*" y no como letra "*i*" o "*i* griega" a fin de evitar confundirla con la vocal "*i*".

Un autómata puede no aceptar ninguna cadena y sin embargo, reconocer un lenguaje. Por ello, no es conveniente habla de *aceptación* de un lenguaje, sino, de *reconocimiento*.

Antes de definir el comportamiento de la función δ , se debe definir bajo qué condiciones una cadena es aceptada. Es decir, se debe definir $L(M_1)$.

Para este ejemplo, se dirá que:

$L(M_1)=\{w|w\ tiene\ al\ menos\ una\ 'b'\ seguida\ de\ dos\ 'a'\}$

(por ejemplo, aceptará **baa** pero no aceptará **aab**).

Conociendo el lenguaje, se puede definir δ en una tabla como la siguiente:

	a	b
q_1	q_1	q_2
q_2	q_3	q_2
q_3	q_2	q_2

La tabla anterior, comienza diciendo que *"si ingresa una 'a' en el estado inicial, el siguiente estado seguirá siendo el estado inicial; pero que si ingresa una 'b', el siguiente estado será un estado de aceptación..."* (ya que q_2 se definió previamente como un estado de aceptación, según la definición formal del autómata). Tanto este comportamiento como la definición formal del autómata, pueden verse reflejados en un *diagrama de estado*.

Las imágenes 10 y 11 de la página 119, muestran el diagrama de estado del ejemplo, y la explicación de sus componentes.

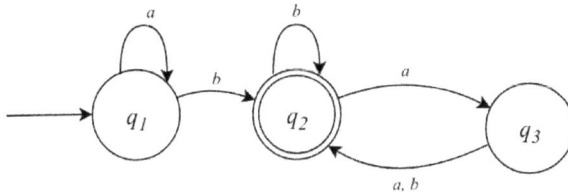

Imagen 10: *Diagrama de estado de un autómata determinista*

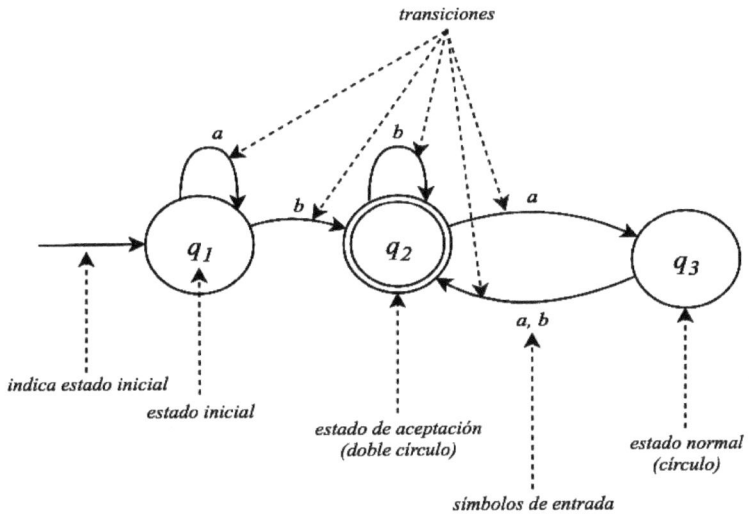

Imagen 11: *Diagrama de estado explicado*

Teoría de la computabilidad

La *teoría de la computabilidad* tiene por objetivo responder a la pregunta sobre *cuáles problemas pueden resolverse computacionalmente y cuáles no*. Para ello, diferentes son las áreas de estudio en las que se enfoca, intentando dar una respuesta matemática a esta pregunta. Se pretende dar un breve resumen a modo introductorio sobre los temas claves de esta teoría.

Marco contextual

Si se parte de la base de que la solución a un problema se consolida mediante un algoritmo[13] que indique cómo dicho problema puede ser resuelto, podría ser posible determinar si un problema tiene o no solución, abordando el análisis de los algoritmos. Según esta hipótesis, si es posible crear un algoritmo que permita resolver el problema, entonces es posible resolver dicho problema. Y cuando dicho problema no sea posible de resolver, entonces es que no existe un algoritmo para poder resolverlo.

Sin embargo, el estudio de la computabilidad, no se ha centrado solo en los algoritmos. Entre los temas de estudio de la teoría de la computabilidad, se encuentra al de las máquinas de Turing, unos modelos computacionales —a veces— considerados como la evolución de los autómatas.

La pregunta esperable es entonces ¿por qué las máquinas de Turing son tema de estudio de la teoría de la computabilidad y no de la teoría de autómatas? y ¿por qué estudiar las máquinas de Turing y no solo algoritmos? Y la respuesta demanda conocer el hecho anecdótico de que las máquinas de Turing fueron concebidas para poder establecer

---

13   En este contexto, se debe entender a un algoritmo como a una serie de pasos ordenados, necesarios para alcanzar una solución.

una definición formal de algoritmo, hasta entonces inexistente. De allí que las máquinas de Turing sean un tema de estudio necesario en la Teoría de la computabilidad.

Máquinas de Turing

Es habitual leer en la bibliografía que una máquina de Turing es similar a un autómata pero sin limitaciones de memoria. También es habitual leer que se sirve de una "cinta" infinita para "grabar" símbolos, desde la cual un "cabezal" lee y escribe, moviéndose hacia un lado y hacia el otro.

Esta explicación —sugerida originalmente por su propio creador, Alan Turing[14]—, puede resultar ambigua si no se aclara que se trata de una "máquina imaginaria", de una "cinta imaginaria" y de un "cabezal imaginario". Es decir, que **una máquina de Turing no constituye una máquina de existencia real, sino un modelo matemático.**

Se trata entonces de una descripción que busca crear una analogía visual de un concepto matemáticamente abstracto, como lo es un modelo computacional. Por lo tanto, una máquina de Turing no constituye una máquina de existencia real, sino un modelo.

U na máquina de Turing es un modelo computacional abstracto, que ha servido como base

---

14   Turing, A. M. (1937). On Computable Numbers, with an Application to the Entscheidungsproblem. Proceedings of the London Mathematical Society, s2-42(1), 230–265. https://doi.org/10.1112/plms/s2-42.1.230

Formalmente, una máquina de Turing es un modelo computacional definido como una séptupla formada por los elementos $(Q, \Sigma, \Gamma, \delta, q_0, \#, F)$, los cuáles denotan, cada uno, los siguientes componentes:

Q Es un conjunto finito de todos los estados posibles, para los que q_0 es el estado inicial, y $F \subset Q$.

Σ Es el conjunto finito de los símbolos de entrada.

Γ Es el conjunto finito de los símbolos de cinta de los cuales $I \subset \Gamma$.

$\#$ Símbolo vacío, para el que se cumple que $\# \in (\Gamma - I)$.

δ Es la función que define un conjunto finito de reglas de transición.

q_0 Es el estado inicial que además $q_0 \in Q$.

F Es el conjunto finito de estados finales.

Funcionamiento de una máquina de Turing

Para entender el modelo de una máquina de Turing de una forma no tan abstracta, se puede imaginar una máquina construida a partir de un autómata, y constituida los siguientes *componentes*:

CINTA	Es en realidad el flujo de entrada de los datos, al que imaginariamente se le asigna un extremo izquierdo pero se considera que hacia adelante (hacia la derecha) es infinita. La cinta puede emplearse tanto para realizar operaciones de cómputo como de almacenamiento auxiliar. Esta cinta debe pensarse como una longitud infinita de celdas en las que en cada una de ellas existirá un símbolo escrito.
ESTADOS	Una máquina de Turing puede tener un número finito de estados pero nunca menos de dos estados, puesto que el estado inicial y el estado de aceptación, no pueden ser el mismo estado.
CABEZAL	Es un mecanismo de control que se mueve hacia delante (o derecha de la cinta imaginaria) y hacia atrás (o hacia la izquierda de la cinta imaginaria) y puede, en cualquier momento, encontrarse en uno de todos los estados posibles.
ALFABETO	Se trata de un conjunto finito de símbolos de entrada.
SÍMBOLOS DE CINTA	Una máquina de Turing tendrá unos símbolos de entrada (alfabeto) pero también unos símbolos propios de cinta que puede escribir para generar "marcas" imaginarias que le permitan identificar segmentos de cinta cuando esta se utilice como medio de almacenamiento auxiliar.
SÍMBOLO VACÍO	Es un símbolo de relleno que estará escrito en todas las celdas imaginarias de la cinta en las que no haya escrito un valor de entrada.

Las *acciones* que una máquina de Turing puede realizar, se limitan a operaciones de escritura, donde sustituye un símbolo por otro, y operaciones de movimiento de una celda a otra, es decir, hacia ambos lados.

El *funcionamiento* general de la máquina de Turing, se inicia con la entrada de los datos. La función de transición aplicará la regla que corresponda al símbolo actualmente visible por el cabezal.

Las reglas estarán definidas sobre la base de dos factores:

1. El símbolo de la celda actual (visible para el cabezal).

2. El estado actual de la máquina.

Y tendrán el siguiente formato $\delta(q_a, y_a)=(q_n, A)$ donde:

q_a y y_a son el estado actual y el símbolo actual, respectivamente;

q_n es el nuevo estado, y A la acción a ejecutar. Dicha acción, puede ser de escritura, en la cual implique escribir un nuevo símbolo, o bien de movimiento, pudiendo moverse hacia una celda izquierda (L) o derecha (R) tal que $\delta(q_a, y_a)=(q_n, \{L, R\})$.

Si se toma como base la función de transición definida anteriormente, es posible determinar que **la máquina de Turing descrita, siempre será determinista**, pues existe una única transición posible para cada símbolo y estado.

Cuando el nuevo estado (q_n) de la máquina de Turing sea un *estado de parada* (o estado de aceptación), la máquina de Turing finalizará el cómputo, aunque esto no implique que siempre deba finalizar. En algunas ocasiones, podrá verse envuelta en un *bucle infinito*, y en otras, rebasar imaginariamente el extremo izquierdo, provocando una *detención anormal.*

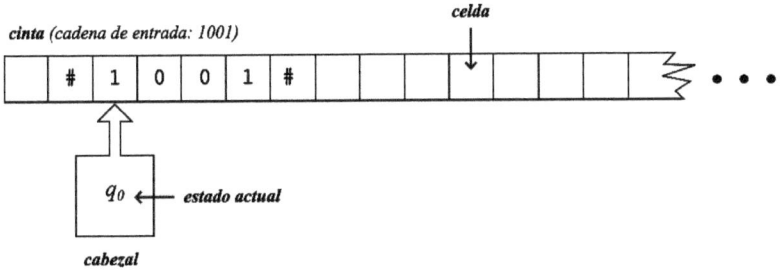

Imagen 12: *Ejemplo de modelo gráfico (imaginario) de una máquina de Turing*

En el el ejemplo anterior, el cabezal se encuentra en el símbolo de entrada 1 y en el estado inicial q_0 . La regla a aplicar sería entonces la que corresponda a dicho estado y dicho símbolo, es decir, una función definida para $\delta(q_0, 1)$. Si dicha función fuese $\delta(q_0, 1) = (q_3, R)$, significaría que el cabezal pasaría al estado q_3 y se movería a la derecha (R).

La imagen 13 muestra cómo reaccionaría el cabezal si la máquina de Turing procesara la primera celda de la cinta del ejemplo de la imagen 12, basándose en la regla de la función $\delta(q_0, 1) = (q_3, R)$.

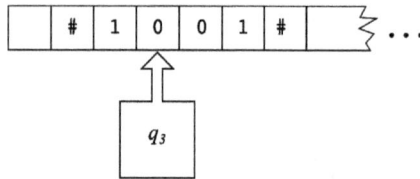

Imagen 13: *Cabezal de la máquina de Turing en movimiento y cambiando de estado*

Desde el momento en el que toda entrada de una máquina de Turing (MT) es una cadena, se hace necesario convertir cualquier objeto $\langle O \rangle$ de entrada en una cadena. La MT puede ser programada para decodificar o decodificar cadenas y objetos que no lo sean. De esta forma, es posible incluso construir un modelo universal, es decir, una **Máquina de Turing Universal (MTU)** que permita simular el comportamiento de cualquier máquina de Turing (MT). Así, una máquina de Turing universal, podría capturar y procesar cualquier algoritmo.

Decidibilidad[15]

Computacionalmente, existen tres tipos de problemas que son objeto de estudio:

PROBLEMAS DE DECISIÓN | Aquellos en los que la salida del algoritmo se disputa entre TRUE/FALSE o SI/NO.

PROBLEMAS DE CONTEO | Aquellos en los que la salida siempre será un número natural.

---

15 **DECIDIBILIDAD.** Que tiene capacidad de decidir, que puede decidir, que puede tomar decisiones.

PROBLEMAS DE OPTIMIZACIÓN Aquellos en los que se busca optimizar una función basada en la instancia de un problema.

Un problema de decisión puede ser, por ejemplo, saber si un número es un número primo (código 1), mientras que uno de conteo, sería calcular la cantidad de números primos menores a n (código 2).

```python
from math import sqrt


def es_primo(n):
    def verificar(n):
        stop = int(sqrt(n)) + 1
        for m in range(2, stop):
            if n % m == 0:
                return False
                break

    return True if verificar(n) is None else False
```

Código 1: *Problema de decisión. Una función en Python que determina si un número es o no primo*

```python
from math import log
q = lambda x: int(x / log(x))
```

Código 2: *Problema de conteo. Una función en Python que retorna la cantidad de números primos menores que n existen*

La teoría de la computabilidad se encarga de establecer qué problemas de decisión son problemas *decidibles*.

PROBLEMAS DECIDIBLES Problemas de decisión que se pueden resolver con un algoritmo que se detiene en todas las entradas en un número finito de pasos.

Los problemas de decisión pueden ser a la vez, formulados como problemas de reconocimiento de un lenguaje. Desde el momento en el que demostrar que un lenguaje es *decidible* necesariamente implica demostrar que un problema computacional lo es, el objetivo de la decidibilidad como mecanismo para determinar si un algoritmo tiene o no solución, es demostrar la decidibilidad de un lenguaje. Por lo tanto, se pueden utilizar lenguajes para representar problemas computacionales. Un ejemplo de ello, sería demostrar que un autómata finito determinista (AFD) acepta una determinada cadena, expresando dicho problema como un lenguaje L_{ADF} .

Para este lenguaje, se define que:

$$L_{ADF} = \{ \langle M_1, w \rangle \mid M_1 \ es un\, AFD\, que\, acepta \ w \}$$

TEOREMA 12.1 L_{AFD} es un lenguaje decidible.

IDEA Crear una máquina de Turing MT_1 que decida L_{ADF} de la siguiente forma:

$MT_1 = $"
  $\langle M_1, w \rangle$ *es la entrada, siendo* M_1 *un AFD y* w *una cadena*:
  1. *Simular* M_1 *con w como entrada.*
  2. *Si la simulación termina en estado de acepción,*
          entonces **aceptar** .
          Sino, **rechazar** .
  "

DEMOSTRACIÓN   En la tabla 17 se definió formalmente un AFD como la quíntupla $\left(Q, \Sigma, \delta, q_0, F\right)$ cuya función de transición tenía la forma $\delta: Q \times \Sigma \rightarrow Q$. La MT procesa entonces w utilizando como reglas las del autómata (paso 1). Si al finalizar se encuentra en estado de aceptación, entonces MT_1 también finalizará en dicho estado. En caso contrario, rechazará la entrada.

Teoría de la complejidad

Cuando la teoría de la computabilidad ha logrado determinar a qué se considera un problema que puede resolverse computacionalmente, la *teoría de la complejidad* busca clasificar dichos problemas en simples o complejos de resolver, y al igual que la teoría de la computabilidad, pretende dar una respuesta matemática a esta pregunta. A mero título orientativo se hará una breve introducción —pero sin un abordaje en profundidad— sobre los puntos claves que son objeto de estudio de esta teoría, con el único fin de satisfacer la curiosidad, y despertar el interés en los mismos.

Complejidad temporal y tiempo polinómico

MEDIR LA COMPLEJIDAD DE UN PROBLEMA. Se parte de la base de que el problema a resolver es un problema decidible. Esto significa que en principio, podría resolverse. Sin embargo, en la práctica, resolver el problema podría demandar más recursos de los existentes o insumir más tiempo del disponible. Por ello, en principio, la teoría de la complejidad, medirá la dificultad de un problema sobre la base del tiempo insumido por la solución del mismo.

DEFINICIÓN 5.1   La *complejidad temporal* de una máquina de Turing determinista —asumiendo que para en todas las entradas— estará determinada por una función $f : N \rightarrow N$, para la que $f(n)$ representa el número máximo de pasos que la máquina emplea para el procesamiento de cualquier entrada de longitud n .

DEFINICIÓN 5.2   Sea MT una máquina de Turing determinista; y w cada una de las entradas de MT para las que $f(w)$ está definida. Se dice que MT calcula $f(w)$ en **tiempo polinómico** $p(x)$ si MT calcula $f(w)$ en $p(|w|)$ pasos.

Clasificación de los problemas

Computacionalmente, todo problema decidible puede ser clasificado en cuatro clases de problemas. Los mismos se definen a continuación en términos formales, pero no son abarcados más allá de dicha definición.

DEFINICIÓN 5.3   Una clase P es la clase de los lenguajes que una máquina de Turing determinista acepta en tiempo polinómico.

DEFINICIÓN 5.4   Una clase NP es la clase de los lenguajes que una máquina de Turing no determinista acepta en tiempo polinómico.

DEFINICIÓN 5.5   Un problema X es $NP-hard$ si para todos los problemas $Y \in NP$, $Y \leq_p X$.

DEFINICIÓN 5.6   Una clase $NP-completa$ es la clase de problemas que están en NP y son $NP-hard$.

SEGUNDA PARTE

FUNCIONAMIENTO DE LOS ORDENADORES Y PROCESAMIENTO DE LA INFORMACIÓN

Capítulo IV. Procesamiento de la Información

Un problema habitual de estos tiempos en el abordaje de la programación es el desconocimiento detrás de lo que realmente sucede cuando se instruye al ordenador para ejecutar una determinada acción. El desconocimiento ha llevado a convertir a la seguridad informática en una entidad tecnológica con identidad propia, completamente aislada del conocimiento científico. Como tal, hace posible el desarrollo y explotación de un sinfín de prácticas pseudocientíficas, responsables de alejar a la tecnología de la ciencia sobre la que debería apoyarse. Entender qué sucede realmente cuando se procesa la información, es un factor clave para desarrollar programas seguros que eviten la implementación de prácticas "mágicas".

Según la Real Academia Española puede definirse a la *informática* como al *conjunto de conocimientos científicos y técnicas empleadas para automatizar el procesamiento de la información mediante un ordenador, entendiendo como tal al equipo electrónico que mediante una serie de programas permite el almacenaje, procesamiento y transmisión de la información para resolver problemas específicos.*

El concepto de información empleado —en lo relativo al tratamiento automatizado y transmisión de mensajes—, es el que concierne al aspecto sintáctico correspondiente al de información discreta descrito en la *Teoría de la Información* de Claude E. Shannon de la que se hablará en mayor profundidad, en el último capítulo.

La teoría de la información (también conocida como teoría de la comunicación, o teoría matemática de la comunicación), es la ciencia que estudia el tratamiento y transmisión de la información, así como los mecanismos para medirla.

En esta teoría, la *información* se define como el *conjunto de símbolos interrelacionados que componen un mensaje, independientemente de su contenido semántico y pragmático.*

En un nivel más primitivo, el procesamiento de la información, es abarcado por:

1. Las teorías de autómatas y de la computabilidad, abarcadas en el capítulo III.

2. La arquitectura de ordenadores, abarcada en el capítulo V.

Las dos primeras, se encargan de la definición de los modelos teórico matemáticos para procesar la información y establecer la viabilidad de un problema, respectivamente.

La última, se encarga de de establecer los modelos teóricos así como el diseño, optimización e implementación que hagan posible el desarrollo tecnológico que implemente los modelos teórico matemáticos propuestos por las dos primeras teorías.

Si bien la teoría de la información será abarcada en el capítulo final, en este apartado, será tenida en cuenta para determinar cómo se procesa la información tanto a nivel físico como lógico, pero no en cómo se transmite.

Arquitectura de Von Neumann

L a arquitectura de Vonn Neuman es un modelo de cómputo que define *la forma en la que cuatro componentes de procesamiento, memoria, entrada y salida, se organizan para procesar la información en un ordenador.*

Para procesar la información, los ordenadores utilizan un componente denominado **unidad de procesamiento**. Dicho componente tiene la capacidad de ejecutar instrucciones que son almacenadas en una **unidad de memoria**, de forma secuencial.

Cuando la unidad de procesamiento recibe la información, lo hace a partir de una **unidad de entrada**. A fin de procesar esta información, recurre a la unidad de memoria desde la cual recupera las instrucciones necesarias para llevar a cabo las operaciones de procesamiento de la información, y almacena tanto la información recibida (a la espera de ser procesada) como la información procesada (a la espera de salida). Finalmente, entrega los resultados computados a una **unidad de salida**, encargada de mostrar la información procesada.

Este diseño de cómputo que define la forma en la que estos cuatro componentes se organizan para procesar la información, se conoce como *arquitectura de Von Neumann*, y se resume simbólicamente en la imagen 14.

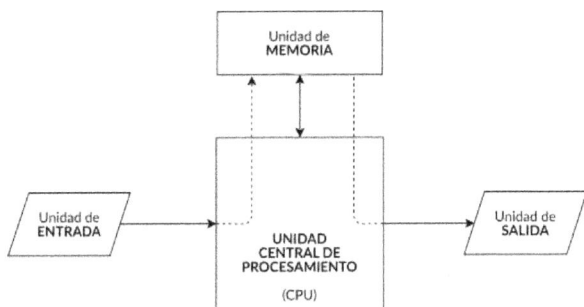

Imagen 14: *Diagrama de bloques de la arquitectura Von Neumann.*

Internamente, la información es representada de forma binaria, en los términos definidos por el llamado *sistema binario*.

El sistema binario

Se comentó anteriormente que en términos informáticos, la información es un conjunto de símbolos independiente de su uso y significado. Estos símbolos constituyen la representación externa de la información. Dentro de un ordenador, la información que se procesa y almacena, son los datos empleados para su representación interna.

Cualquier tipo de información, bien sea cadenas de caracteres y números, o bien, imágenes, sonidos o animaciones (video), puede ser representada internamente en un ordenador. Los datos empleados para representar dicha información se generan sobre la base del sistema binario, cuya unidad mínima de información es el **bit**, una conjunción abreviada del término «*binary digit*».

BIT   En términos concretos, el *bit* es un dígito binario tal que solo puede asumir dos valores posibles, el 0 o el 1. Los datos obtenidos a partir de la transformación de la información a datos binarios se denomina código binario.

CÓDIGO BINARIO

El *código binario* es una cadena de dígitos binarios combinados.

Existen 2^n combinaciones posibles de dígitos binarios para grupos de n bits, por lo que para grupos de 8 bits existen $2^8 = 256$ combinaciones posibles.

SISTEMA DE CODIFICACIÓN DE CARACTERES

En un sistema de codificación de caracteres, cada combinación se utiliza para representar un carácter. Por ejemplo, en un sistema de codificación de caracteres que utilice grupos de 3 dígitos binarios para representar las letras vocales mayúsculas del alfabeto castellano, existirían $2^3 = 8$ combinaciones posibles de las cuáles 3 no estarían asignadas, como se muestra en la tabla 18.

Tabla 18: Ejemplo de tabla de codificación de caracteres con base 2, para un sistema hipotético de codificación de letras vocales mayúsculas.

000	001	010	011	100	101	110	111
A	E	I	O	U	no asignados		

Pero la misma codificación, podría ser utilizada en otro sistema, para representar las vocales minúsculas, como se muestra en la tabla 19.

Tabla 19: Ejemplo de tabla de codificación de caracteres con base 2, para un sistema hipotético de codificación de letras vocales minúsculas que utiliza los mismos códigos que la tabla anterior.

000	001	010	011	100	101	110	111
a	e	i	o	u	no asignados		

ASCII

A fin de facilitar el intercambio de datos entre distintos ordenadores, la codificación de caracteres se encuentra estandarizada.

Uno de los primeros estándares aparecidos es el *American Standard Code for Information Interchange* (ASCII), que utiliza combinaciones de 7 bits.

1001000	1001111	1001010	1000001
H	O	J	A

Imagen 15: Representación binaria de la palabra HOJA según el estándar ASCII

UNICODE

El estándar más actual es *Unicode*. Unicode asigna un código único a cada uno de los caracteres del total de los alfabetos en el mundo.

UTF

Para codificar los caracteres emplea el formato UTF (*Unicode Transformation Format*).

Este formato utiliza combinaciones de entre 8 y 32 bits. Ofrece compatibilidad directa con el estándar ASCII, reservando los primeros 128 caracteres a los definidos en dicho estándar.

01001000   01001111   01001010   01000001

     H   O   J   A

Imagen 16: *La representación binaria de la palabra "HOJA" según el formato UTF-8 del estándar Unicode, rellena con un 0 a la izquierda para completar la cadena de 8 bits.*

A modo de ejemplo, en la imagen 17 se presenta un método de conversión desde el sistema binario al sistema decimal, y en la imagen 18, un método de conversión desde el sistema decimal al sistema binario.

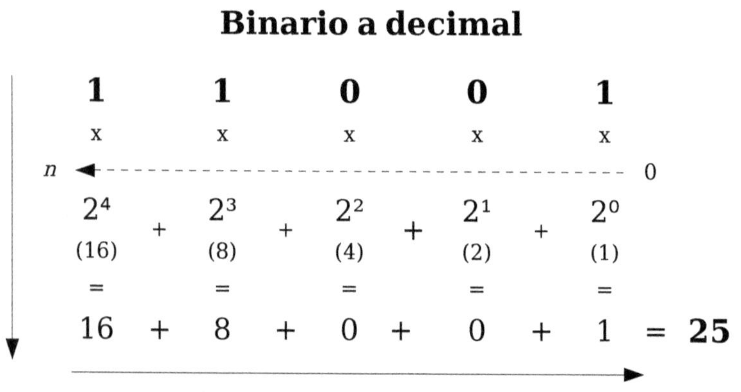

Binario a decimal

$$1 \quad\quad 1 \quad\quad 0 \quad\quad 0 \quad\quad 1$$

$$\times \quad\quad \times \quad\quad \times \quad\quad \times \quad\quad \times$$

$$n \longleftarrow ------------------------- 0$$

$$2^4 \quad + \quad 2^3 \quad + \quad 2^2 \quad + \quad 2^1 \quad + \quad 2^0$$

$$(16) \quad\quad (8) \quad\quad (4) \quad\quad (2) \quad\quad (1)$$

$$= \quad\quad = \quad\quad = \quad\quad = \quad\quad =$$

$$16 \quad + \quad 8 \quad + \quad 0 \quad + \quad 0 \quad + \quad 1 \quad = \quad 25$$

Imagen 17: *Método de conversión del sistema binario al decimal*

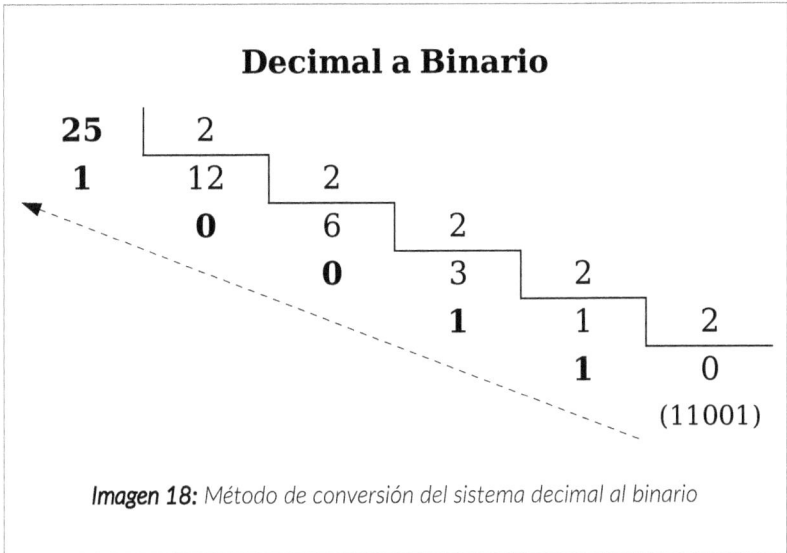

Decimal a Binario

25	2
1	12	2
	0	6	2
		0	3	2
			1	1	2
				1	0
					(11001)

Imagen 18: *Método de conversión del sistema decimal al binario*

Hardware

*P or el nombre de **hardware** se conocen a los componentes físicos de un sistema de cómputo.*

Con los conocimientos previos de este capítulo como base, cabe ahora preguntarse qué papel cumplen los componentes del ordenador en el procesamiento de la información, y si es posible, olvidarse de ellos a la hora de programar. Conocer cada componente físico del ordenador y entender su papel, ayudará a responder a esta pregunta.

Memoria y disco duro

MEMORIA
Una *unidad de memoria* consiste en un conjunto de *n* celdas.

CELDA
Una celda es un espacio de almacenamiento con capacidad para almacenar 1 bit.

REGISTRO
Las celdas se organizan en grupos interconectados llamados *registros* con capacidad para almacenar cualquier tipo de información binaria de k-bits llamadas *palabras*.

PALABRA
Conjunto de k-bits.

BYTE
Por lo general, el tamaño de cada palabra (número de bits) empleado en las unidades de memoria, es múltiplo de 8, lo que se conoce como *byte*. Por ello, la capacidad de almacenamiento de una unidad de memoria en ordenadores comerciales se mide en bytes, puesto que representa la cantidad de palabras (información) que puede ser almacenada.

DIRECCIÓN DE MEMORIA
Tanto si se quiere leer como escribir una palabra, se necesita conocer el registro en el que dicha palabra se aloja (en caso de lectura) o en el que será alojada (en caso de escritura). Para ello, cada registro dispone de un código de identificación denominado *dirección* (al que suele referirse como dirección de memoria).

La cantidad de direcciones de una memoria está determinada por la cantidad de palabras que puedan alojarse.

Para una unidad de memoria de i celdas, organizadas en grupos de k bits, se pueden almacenar n palabras (i/k) de k bits cada una. Dado que solo existen 2 variantes posibles (0 y 1) se necesitarán combinaciones de m bits para conseguir abarcar el total de direcciones necesarias, determinado por la raíz cuadrada del total de palabras tal que $m=\sqrt{(n)}$. Esto se deduce a partir de que con m bits se obtienen 2^m direcciones posibles.

RAM

Los ordenadores utilizan dos tipos de memorias: una memoria principal, conocida como **RAM** (*Random Access Memory* —Memoria de acceso aleatorio—). Un tipo de memoria a cuyas celdas se puede acceder para recuperar o escribir información desde cualquier ubicación y sin un orden específico. El tiempo que demanda acceder a dicha celda es independiente de su ubicación, en contraposición a las memorias secuenciales donde la salida de una celda es la entrada de la siguiente;

ROM

y una memoria de solo lectura, conocida como **ROM** (*Read Only Memory* —Memoria de solo lectura—). El acceso también es aleatorio, pero a diferencia de la RAM, no se destruye tras la lectura. La información en este tipo de memorias es cargada por el fabricante.

Disco magnético

Los discos magnéticos se conforman de unas

placas ovales de metal liso. Cada una de ellas se encuentra recubierta en ambas caras, por una lámina magnética. En cada una de estas superficies, se guarda información en pistas concéntricas, mientras que van girando alrededor de un eje montado sobre un motor cuya rotación media es de 7200 rpm.

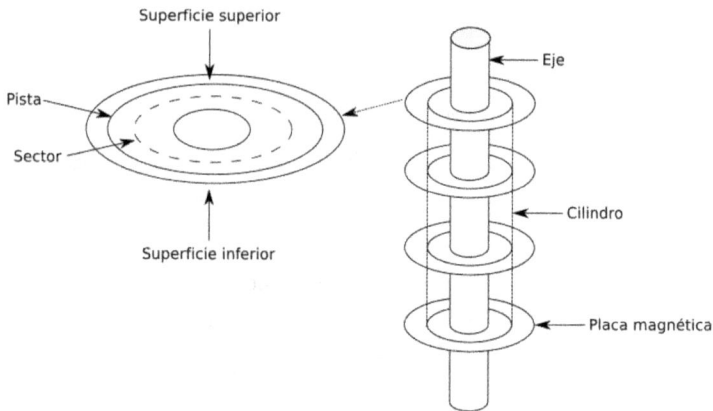

Imagen 19: *Estructura de disco magnético*

CILINDRO

El conjunto de pistas conectadas a lo largo de las placas se conoce como *cilindro*.

SECTOR

Cada pista, a su vez, se divide en sectores. Dado que las operaciones de lectura y escritura se llevan a cabo en los límites de un sector, cuando el tamaño de la información a ser almacenada en un sector es menor que el tamaño del sector, el espacio sobrante se rellena con el último byte almacenado.

Para calcular la capacidad de almacenamiento total de un disco se debe considerar: la cantidad de bytes que pueden almacenarse por sector (s); la cantidad de sectores que hay en una pista (p); la cantidad de pistas por superficie (t); y la cantidad de superficies (m). Tal que la capacidad en bytes estará determinada por el producto de $s \times p \times t \times m$.

DISCO DE ESTADO SÓLIDO (SSD) Y SDRAM

Los discos de estado sólido utilizan un sistema basado en el de las memorias flash, el cual es similar al de una RAM dinámica (DRAM) pero no volátil. Al no incluir componentes mecánicos, las operaciones de lectura y escritura ahorran el tiempo insumido por los cabezales de los discos magnéticos para hacer girar las placas, posicionarse en el lugar correspondiente y escribir o recuperar la información. Esto hace que además, el consumo de energía sea mucho menor que el de los discos magnéticos.

Unidad central de procesamiento (CPU)

La unidad central de procesamiento (CPU por sus siglas en inglés) es la encargada de llevar a cabo el procesamiento de la información dentro de un ordenador, ejecutando las instrucciones que le son dadas por los programas.

Se compone de tres partes:

1. Un *conjunto de registros* cuyos datos se emplean durante la ejecución de las instrucciones.

2. Una *unidad lógico aritmética* (ALU, por sus siglas en inglés) que se encarga de llevar a cabo microoperaciones sobre los datos.

3. Una *unidad de control* que supervisa el transporte de la información, el conjunto de registros, y la ALU.

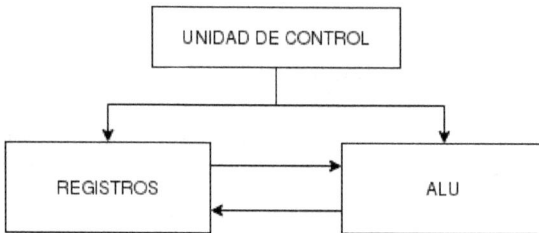

Imagen 20: *Componentes de una CPU*

La CPU (también llamada proce*sador*) puede interpretar y ejecutar un conjunto de códigos y operaciones, específicos para cada tipo de procesador. Dicho código se compone de cadenas de dígitos binarios compuestas por la siguiente información:

(a) Código de operación a ser ejecutada.

(b) Dirección de memoria donde se almacenan los operandos.

(c) Dirección de memoria donde se guarda el resultado de la operación.

(d) Dirección de memoria donde se encuentra la siguiente instrucción. A no ser que ocurra una excepción, la dirección de memoria será consecutiva (si X es la actual, la siguiente es $X+1$).

Unidades de E/S, y transporte (bus)

Internamente en un ordenador, es necesario transportar la información desde la memoria principal al procesador y a las unidades de salida (S), y desde el procesador y las unidades de entrada (E) a la memoria.

Bus

A fin de optimizar los tiempos de transporte de dichos datos, los bits que componen una palabra se transmiten de forma simultánea a través de un grupo de cables al que se conoce como **bus**.

Bus de datos

Lo anterior implica que el ancho del bus debe ser el mismo que el de las palabras que transporte. A este tipo de bus se lo conoce como **bus de datos**.

Bus de dirección de memoria (MAB)

Dado que las palabras se almacenan en direcciones específicas de la memoria, otro bus es necesario para transportar dicha dirección. A este se lo conoce como *bus de dirección de memoria* (MAB —*Memory Address Bus*—).

Bus

Finalmente, será necesario un bus que transporte las operaciones (comandos tales como **READ**, **WRITE**, **START**, **STOP** y **SEEK** [leer, escribir, comenzar, parar y buscar]) desde el procesador a las unidades de E/S. A este bus se lo conoce como *bus de control*.

Teoría de conmutación de circuitos y diseño lógico

Se ha visto que la información es representada a través de combinaciones de bits, y que estos, en un sentido concreto, son literalmente representados por **variaciones de carga eléctrica**. Estos bits además, son analizados mediante operaciones lógicas y que por lo tanto, su estudio constituye un factor indispensable para comprender cómo los ordenadores analizan la información y ejecutan decisiones a partir de dicho análisis.

Se ha visto también, a modo resumido, que estas operaciones lógicas se llevan a cabo de forma coordinada por una unidad central de procesamiento (CPU) que recibe y envía la información desde y hacia una memoria principal volátil (RAM) y que su persistencia requiere de dispositivos con capacidad de almacenar las cargas eléctricas mencionadas, como por ejemplo, los discos mecánicos o los de estado sólido, entre otros.

Es decir que hasta aquí, se ha dejado en claro que los bits son literalmente cargas eléctricas y que por lo tanto, son cargas eléctricas las que se almacenan. Pero la pregunta que resta responder es **cómo se llevan a cabo las operaciones lógicas sobre las cargas eléctricas**. Es decir, si la información se representa mediante cargas eléctricas y las operaciones lógicas son un concepto abstracto ¿cómo se ejecutan? La respuesta a esta pregunta la tiene la teoría de conmutación de circuitos, y es la que será explicada a continuación.

TEORÍA DE CONMUTACIÓN DE CIRCUITOS

La *teoría de conmutación de circuitos* parte de la base de que la información binaria se representa físicamente en los equipos informáticos mediante señales eléctricas evaluadas de forma booleana por unos componentes denominados *puertas lógicas*. Estos componentes reciben unas cargas de voltaje, las evalúan y responden en consecuencia.

Antes de describir estos componentes, se tratará de poner en términos concretos el proceso de evaluación, a fin de alcanzar una mejor comprensión. Pero para entender en profundidad qué son estas puertas lógicas y cómo funcionan, más allá de su uso y aplicación, es preciso responder a la pregunta, qué es realmente la información binaria y cómo es evaluada por un circuito lógico.

En términos concretos, estos componentes (circuitos denominados puertas lógicas) reciben cero o más cargas de voltaje. Por ejemplo, un circuito que tuviese que evaluar una expresión **AND** de dos variables, en su forma más primitiva, podría tener dos conductores (cables, por ejemplo), uno para cada variable (en este contexto, una variable es un concepto de existencia ficticia, representado por un cable que conducirá una carga eléctrica).

Suponiendo que una variable verdadera (con valor booleano 1) se fuese a representar con una carga de 5 voltios y el valor cero (falso), con ausencia de carga, cada conductor podría recibir una carga de 5 o de 0 (cero) voltios (es decir, no recibir ninguna carga). Esto implicaría que si las dos variables fuesen verdaderas, el receptor de la carga recibiría una carga total de 10 voltios (5 voltios por cada variable). Si una sola de ellas fuese verdadera, recibiría solo 5 voltios. Y si ambas fuesen falsas, no recibiría ninguna carga (es decir, 0 voltios).

El circuito debería emitir entonces, 5 voltios en caso de una evaluación verdadera (porque 5 voltios sería la carga que representase al 1 booleano), y 0 voltios en caso contrario.

La pregunta es entonces ¿cómo podría el circuito, lograr dicho resultado? ¿Cómo realizaría la evaluación? La respuesta es que lo lograría interceptando la salida, con una resistencia de 5 voltios. En un plano ideal con cargas invariables, cuando se recibiese una carga de 10 voltios, la señal de salida sería 5. Y si se recibiesen 5 (o no se recibiese ninguna carga), la señal de salida sería 0 voltios, es decir, sería la ausencia de señal eléctrica.

Esto significa que **la evaluación realizada por las puertas lógicas es en realidad una *reacción eléctrica* que responde a leyes físicas y a propiedades de la materia como la conductancia de los materiales con los que se construyen los circuitos**. Será luego el microprocesador, quien basado en las respuestas eléctricas que reciba, se encargue de representar los resultados de forma más concreta.

Tener en cuenta todo este contexto, podría facilitar comprender qué son en realidad las puertas lógicas, cómo cumplen su función de evaluar bits para manipular información, y cómo son capaces de ejecutar operaciones lógicas y arrojar resultados comprensibles para un procesador.

Conocer el funcionamiento de las puertas lógicas, así como la forma en la que la información es procesada en un ordenador a nivel físico, erradica —del proceso de estudio y aprendizaje de la programación —, esa aparente «magia» que hace posible la ocurrencia de «sucesos inexplicables y complejos» en los sistemas informáticos, y que indirectamente deriva en la facilidad para «creer» en afirmaciones irracionales, no basadas en el conocimiento científico. Por ello, **esta teoría es de especial interés en el abordaje de la programación**.

*S*iempre se debe tener en cuenta que en un ordenador, **todo tiene** una explicación lógico matemática, *es decir,* **una explicación racional, basada** en el conocimiento científico.

Funcionamiento de las puertas lógicas

PUERTAS LÓGICAS   Las *puertas lógicas* son circuitos electrónicos digitales que manejan señales eléctricas en dos estados o valores lógicos, representados por diferentes cargas de voltajes. Dado que dicha representación es imprecisa (no se maneja con valores fijos como el ejemplo anterior), suele estar determinada por rangos de voltaje y no por un voltaje concreto.

La unidad de medida del voltaje se denomina **voltio** y se denota por V.

Así, cualquier voltaje entre $0\,V$ y $0.8\,V$ representa el valor lógico referido como 0 y cualquier valor entre $2\,V$ y $5\,V$, el valor lógico referido como 1. Por lo anterior, todo valor entre $0.8\,V$ y $2\,V$ se considera dentro de un rango indeterminado por lo que no puede predecirse el valor de respuesta.

Tipos de puertas lógicas

A cada tipo de operación booleana le corresponde un tipo de puerta lógica. Así, es posible encontrar un total de siete tipos de puertas lógicas, cada una con su operación booleana y su símbolo correspondiente (explicadas en la tabla 20).

Cada una de estas puertas recibe uno o más valores de entrada (señales de entrada designadas por las variables A, B, C, ...) y un valor de salida (señal de salida designada por la variable x), cuyas combinaciones y sus correspondientes resultados se listan en una tabla de verdad. Estas tablas de verdad, a su vez, responden a la expresión booleana que la puerta lógica lleva a cabo. Así, la tabla de verdad para la puerta lógica **AND** para las variables A,B va a ser la tabla de verdad para la expresión algebraica $x=AB$.

Más allá de la cantidad de puertas lógicas existentes, se debe notar que el total de las operaciones que un ordenador puede llevar a cabo, podría resolverse solo con las tres puertas lógicas básicas, **AND**, **OR** y **NOT**.

La exactitud de las operaciones más complejas, depende de la forma en la que dichas puertas se conecten entre sí. Sin embargo, existen también dos puertas lógicas universales, **NAND** y **NOR**, contracciones de **NOT-AND** y **NOT-OR**, respectivamente, que pueden realizar las mismas operaciones que las tres puertas básicas. Otras dos puertas, **XOR** y **XNOR**, ejecutan operaciones **OR** y **NOT-OR** exclusivas, respectivamente.

Tabla 20: *Resumen de tipos y características de puertas lógicas*

PUERTA LÓGICA	DATOS		ESTADO DEVUELTO	EXPRESIÓN ALGEBRAICA
	ENTRADA	SALIDA		
PUERTAS LÓGICAS BÁSICAS				
AND A ⎓⫩⊃– x B	2 o más	1	1, si todas las entradas tienen estado 1. 0, en caso contrario.	$x = AB$
OR A ⎓⫩⊃– x B			0, si todas las entradas tienen estado 0. 1, en caso contrario.	$x = A + B$
NOT A–▷– x (O INVERTER)	1	1	El estado opuesto al estado de entrada.	$x = \overline{A}$
PUERTAS LÓGICAS UNIVERSALES				
NAND A ⎓⫩⊃∘– x B	2 o más	1	0, cuando todos los valores de entrada tienen estado 1. 1, en caso contrario.	$x = \overline{AB}$
NOR A ⎓⫩⊃∘– x B			1, cuando todos los valores de entrada tienen estado 0. 0, en caso contrario.	$x = \overline{A + B}$
PUERTAS LÓGICAS EXCLUSIVAS				
XOR A ⎓⫩⊅– x B	2	1	1, si solo uno de los dos valores de entrada tiene estado 1. 0, en caso contrario.	$x = A \oplus B$ $= A\overline{B} + \overline{A}B$
XNOR A ⎓⫩⊅∘– x B	2	1	1, cuando ambos valores de entrada tienen estado 0. 0 en caso contrario.	$x = A \odot B$ $= AB + \overline{A}\overline{B}$ $= \overline{A \oplus B}$ $= \overline{A\overline{B} + \overline{A}B}$

Diseño lógico

DISEÑO LÓGICO   El *diseño lógico* es el proceso que consiste en determinar la forma de conectar las diferentes puertas lógicas con otros bloques de circuitos, para llevar a cabo una operación determinada.

PROCESO DE DISEÑO   El proceso de diseño se inicia con el planteo del problema y finaliza con el dibujo del diagrama del circuito. El paso a paso puede resumirse en una lista como la siguiente:

1. Se plantea el problema.

2. Se estipulan las variables de entrada y de salida que serán necesarias.

3. Se asigna una letra a cada una de las variables establecidas en el paso anterior.

4. Se realizan las tablas de verdad correspondientes.

5. Se simplifican las expresiones booleanas.

6. Se dibuja el diagrama lógico.

Los cinco primeros pasos envuelven todos los conocimientos previos y el sexto paso, requiere la implementación de un mecanismo de conversión de expresiones booleanas a circuitos lógicos que se explica a continuación.

CONVERSIÓN DE EXPRESIONES BOOLEANAS. El proceso de conversión consiste en dibujar el diagrama comenzando «desde fuera hacia dentro». Esto significa, que se comienza por la expresión que se desea convertir y se continua, uno a uno, por cada uno de sus términos. Así, una expresión de suma se iniciaría con una puerta **OR**, y una expresión de producto, por una puerta **AND**.

Tomando como ejemplo la expresión de la función $f(A,B,C)=BC+A\bar{C}$, la conversión comenzaría por una puerta **OR** con dos entradas BC y $A\bar{C}$ como se muestra en la imagen 21.

A continuación, se seguiría por cada una de las entradas, BC y $A\bar{C}$ mediante dos puertas **AND**, como se muestra en la imagen 22.

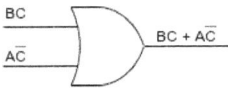

Imagen 21: *Conversión de expresión booleana a puerta lógica (paso 1)*

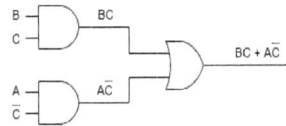

Imagen 22: *Conversión de expresión booleana a puerta lógica (paso 2)*

Para finalmente, incorporar el **INVERT (NOT)** para el último componente como se muestra en la imagen 23.

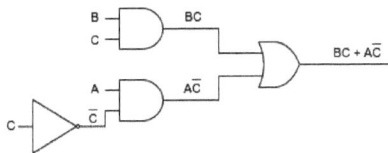

Imagen 23: *Diseño lógico final para la expresión algebraica BC + AC'*

CONVERSIÓN DE DIAGRAMAS. Para el proceso inverso, se comienza por las entradas en vez de hacerlo por las salidas. Así, partiendo del diagrama de la imagen 23, se llegaría a la expresión $B C + A \bar{C}$:

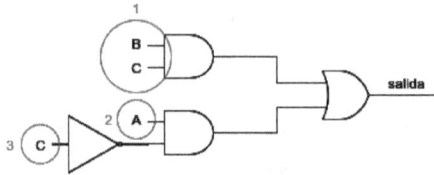

Imagen 24: *Proceso de conversión desde un diagrama lógico a expresión algebraica*

Circuitos digitales, integrados y programables

Los temas planteados anteriormente han servido —probablemente—, para erradicar la aparente magia que existe en el imaginario colectivo sobre el procesamiento de la información. De hecho, es frecuente que al preguntar al común de las personas qué cree que se almacena en un ordenador cada vez que se guarda un archivo, se obtengan respuestas como «el archivo», «textos», o «bits» como si esto último significase una simple combinación de ceros y unos.

Si se explora la teoría de conmutación de circuitos en mayor profundidad, es posible llegar hasta las leyes de la física sobre las que esta teoría se sustenta.

Si bien no es objetivo de este libro alcanzar tal nivel de profundidad, también es cierto que **cuanto mayor sea el nivel de profundidad al que se llegue, menos serán las limitaciones individuales a las que una persona deba enfrentarse en el abordaje de la programación.** Por tal motivo, en esta sección se hará una exposición resumida de los temas más avanzados que se desprenden de la teoría de conmutación de circuitos, así como de las bases sobre las que se sustenta.

Circuitos lógicos digitales

A diferencia de los circuitos analógicos donde los niveles de voltaje varían permanentemente dentro de un rango, en los circuitos digitales, como bien se comentó en la sección precedente, se asume un número finito de valores discretos de voltaje, dando lugar a que el diseño de los circuitos haga uso del álgebra booleana (por ello, también se los denomina *circuitos de conmutación*).

Funciones de los circuitos lógicos digitales

Existen diez funciones básicas que los circuitos lógicos pueden ejecutar:

1. *Operaciones aritméticas de suma, resta, multiplicación y división* son llevadas a cabo por circuitos denominados adicionador, sustractor, multiplicador y divisor respectivamente.

2. *Operaciones de codificación*, llevadas a cabo por un codificador que convierte los datos de entrada en su respectivo código binario.

3. *Operaciones de decodificación*, que se llevan a cabo por un decodificador que realiza la operación inversa que el codificador.

4. *Operaciones de multiplexación*, llevadas a cabo por un multiplexor que permite conmutar información desde varias líneas de entrada a una sola línea, dentro de una secuencia determinada.

5. *Operaciones de demultiplexación* (opuesta a la de multiplexación).

6. *Operaciones de comparación*, llevadas a cabo por un comparador, evalúa si dos variables son iguales y si no lo son, indica cual de ellas es la más grande.

7. *Operaciones de conversión*, llevadas a cabo por un conversor de código, tienen por objetivo convertir una entrada desde un código a otro.

8. *Operaciones de almacenamiento*, llevadas a cabo por registros, que tienen por función almacenar información de forma temporal.

9. *Operaciones de cuenta*, llevadas a cabo por un contador, tienen por función contar la cantidad de pulsos (señales) que le son enviados. Los contadores también pueden ser usados para llevar a cabo operaciones de división de frecuencia.

10. *Operaciones de transmisión*, llevadas a cabo por transmisores (que transmiten las señales [conocidas como «información»] de un lugar a otro) y receptores (que reciben la información transmitida).

Circuitos integrados (CI)

CIRCUITOS INTEGRADOS   Los *circuitos integrados (CI) monolíticos*, comúnmente denominados *chips*, son circuitos electrónicos construidos en una única pieza de —generalmente—, silicona, un material semiconductor. Existen distintos niveles de integración para los circuitos, dependiendo de la cantidad de puertas lógicas que empleen (ver tabla 21).

Por otra parte, los circuitos pueden ser

clasificados como analógicos o digitales, dependiendo de si requieren o no, componentes externos para llevar a cabo sus operaciones.

CIRCUITOS DIGITALES
Los *circuitos digitales* son aquellos que no requieren componentes externos para llevar a cabo sus operaciones.

Tabla 21: *Niveles de integración en los circuitos integrados*

TIPO:	SSI	MSI	LSI	VLSI	ULSI
CANTIDAD DE PUERTAS LÓGICAS:	< 12	≥ 12 ≤ 99	≥ 100 ≤ 9999	≥ 10,000 ≤ 99,999	≥ 100,000

SOBRE LOS SEMICONDUCTORES
Cuando las cargas eléctricas se desplazan de una posición a otra dentro de un objeto, se produce un fenómeno físico conocido como *conducción eléctrica*.
Algunos materiales facilitan la conducción y otros la repelen. A los primeros se los denomina *conductores* y a los segundos, *aislantes*. Los *semiconductores* son un tipo de material intermedio entre los conductores y los aislantes, que permiten un mejor control de las cargas

Las siglas de cada columna de la tabla 21, corresponden a las denominaciones en inglés de los diferentes niveles de integración de los circuitos, siendo estas *Small, Medium, Large, Very Large* y *Ultra Large Scale Integration*, respectivamente.

Los circuitos integrados pueden clasificarse, a su vez, en dos clases:

• Los *circuitos combinados*, donde el valor de salida depende exclusivamente de los valores de entrada dados en el presente;

• y los *circuitos secuenciales*, donde el valor de salida

eléctricas y de las temperaturas del material, a través de una técnica de introducción de impurezas (que disminuye la conducción del material), denominada *dopado de semiconductores*.

depende de los valores de entrada pasados y presentes. Por ello, los circuitos secuenciales tienen memoria y los combinados, no.

Ambos circuitos serán explicados en lo sucesivo.

Circuitos combinados y secuenciales

CIRCUITO COMBINADO

Un *circuito combinado* es un conjunto de m funciones booleanas para cada variable de salida, expresada en términos de n variables. Es decir que los mismos se componen de n variables de entrada (para las que se sabe que existen 2^n combinaciones posibles), m variables de salida (que son funciones booleanas de cada una de las combinaciones de entrada), y entre las mismas, una colección de puertas lógicas interconectadas.

Los circuitos combinados se componen de variables de entrada, puertas lógicas y variables de salida. Como bien se comentó al comienzo del capítulo, tanto entrada como salida, no son más que *señales discretas de voltaje*.

FLIP-FLOP

Las señales de entrada llegan a las puertas lógicas desde unos circuitos formados por una única celda binaria capaz de almacenar un único bit, denominados *flip-flops*, quienes además almacenan la señal de salida producida por estas puertas. Un *flip-flop*, formalmente denominado *multivibrador biestable*, al poder almacenar un único bit, solo retiene un único estado: el valor de la variable (**~5V** o **~0V**) y su complemento (**~0V** o **~5V**, respectivamente).

CIRCUITO SECUENCIAL La interconexión de los circuitos combinados con los *flip-flops*, es la que se denomina *circuito secuencial*, y la forma de interconexión se puede describir gráficamente mediante los diagramas de bloque correspondientes, como puede verse en las imágenes 25 y 26, respectivamente.

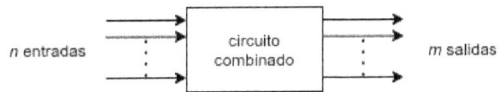

Imagen 25: *Diagrama de bloques de un circuito combinado*

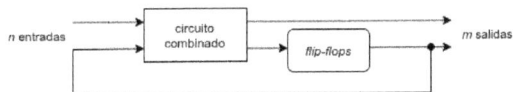

Imagen 26: *Diagrama de bloques de un circuito secuencial*

Según se observa en los diagramas anteriores, los circuitos combinados son la parte central (el circuito propiamente dicho) independiente de las entradas o salidas almacenadas previamente. El circuito en sí solo se encarga de analizar las señales de entrada y arrojar las salidas correspondientes.

El diagrama de bloques del circuito secuencial, permite observar que dichas entradas pueden llegar al circuito combinado de forma externa, o también, desde *flip-flops* como salidas previas, y que las nuevas salidas pueden producirse de forma directa desde los circuitos combinados o desde los almacenes de memoria. Esto significa que en el caso que las entradas al circuito combinado provengan de almacenes previos, dependerán, por lo tanto, de valores previos.

Las principales diferencias entre los circuitos combinados y secuenciales son descritas en la tabla 22 que, inspirada en las diferencias propuestas por Anand Kumar en «*Switching Theory and Logic Design*», pp. 487, incluye una diferencia con respecto a la velocidad de salida, la cual se encuentra determinada por elementos de retraso de tiempo de los que se hablará en la siguiente sección, y que permitirán argumentar mejor dicha diferencia.

Tabla 22: *Diferencias entre circuitos combinados y secuenciales.*

Aspecto	Circuitos combinados	Circuitos secuenciales
Dependencia de estados	No depende de las variables previas	Puede o no depender de variables previas
Unidad de almacenamiento	No requerida	Requerida para almacenar estados previos
Velocidad de salida	Más rápidos	Más lentos
Complejidad del diseño	Menos complejo	Más complejo

Eugenia Bahit. Fundamentos de Ciencias Informáticas para el abordaje de la programación

La complejidad del diseño se supone mayor en los circuitos secuenciales que en los combinados, dada la interconexión de los segundos con las unidades de almacenamiento, por lo que se requiere tener en cuenta una mayor cantidad de circuitos.

Circuitos secuenciales sincrónicos y asíncronos

CIRCUITOS SECUENCIALES SINCRÓNICOS

Los *circuitos secuenciales sincrónicos* son aquellos circuitos cuyas operaciones se activan cuando un *pulso de reloj* es recibido por el circuito.

PULSO DE RELOJ Y GENERADOR DE PULSOS

Estos pulsos de reloj son señales emitidas de forma periódica por un dispositivo denominado *generador de pulsos de reloj*. Este concepto permitiría introducir un agregado al diagrama de bloques de la imagen 26 (página 161) que refleje el sincronismo (imagen 27).

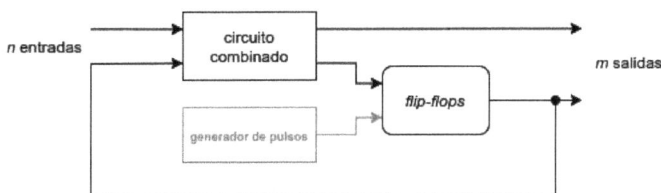

Imagen 27: *Diagrama de bloques de un circuito secuencial sincrónico*

GENERADOR DE PULSOS PERIÓDICOS

Es un sistema que en sincronía con un reloj, genera una secuencia preestablecida de bits cada un cierto período de tiempo.

CIRCUITOS SECUENCIALES

Los *circuitos secuenciales asíncronos* son

ASÍNCRONOS aquellos que no son activados por una señal de reloj. Sin embargo, pueden tener elementos de retraso de tiempo (*delay*) que permiten controlar la retroalimentación del circuito, y proveen al circuito de un almacenamiento temporal, tal y como se muestra en el diagrama de bloques de la imagen 28.

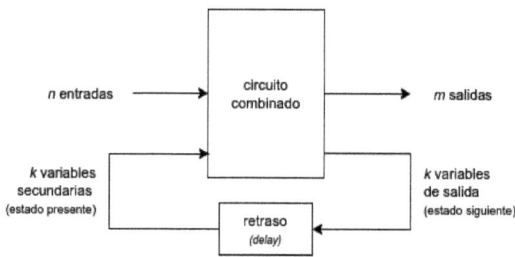

Imagen 28: *Diagrama de bloques de un circuito secuencial asíncrono*

Como se observa en imagen 28, en los circuitos secuenciales asíncronos, además de las n variables de entrada y m variables de salida, existen k *variables secundarias* de almacenamiento temporal destinadas a almacenar el estado presente (*variables secundarias*) y el estado siguiente (*variables secundarias de salida*).

Dado que las capacidades de almacenamiento son finitas, los estados de los circuitos también lo son. Por tal motivo, al hablar de circuitos secuenciales sincrónicos, se hace referencia a circuitos de estado finito o *máquinas de estado finito*, las cuáles se resumen brevemente en la siguiente sección, desde la perspectiva del diseño lógico digital. Para una mayor profundización en este tema desde una perspectiva teórica y

EUGENIA BAHIT. FUNDAMENTOS DE CIENCIAS INFORMÁTICAS PARA EL ABORDAJE DE LA PROGRAMACIÓN

formal, se sugiere leer el capítulo III, *«Teoría de la computación»* en la página 105.

Máquinas de estado finito (MEF)

MÁQUINA DE ESTADO FINITO (MEF)

En el contexto de la teoría de conmutación de circuitos, una *máquina de estado finito (MEF)* — también llamada *autómata finito* (AF)— es un modelo abstracto que describe una máquina secuencial sincrónica. Su comportamiento se describe como una secuencia de eventos en un instante de tiempo discreto t.

Se trata de circuitos secuenciales que presentan tres características distintivas:

1. El *número de elementos de memoria* es finito, y por lo tanto, lo es su capacidad de almacenamiento.

2. Los *estados internos* también son finitos, pues la capacidad de almacenamiento lo es, y por lo tanto solo podrán almacenarse un número finito de estados internos.

3. Los *valores previos* afectan el comportamiento futuro del circuito en un número finito de formas, puesto que la cantidad de estados internos también es finita.

Modelos de Mealy y Moore

Una MEF puede producir diferentes salidas según el modelo que implemente:

1. *Modelo de Mealy*: la salida es una función que depende del estado actual y de los valores previos.

2. *Modelo de Moore:* la salida es una función que solo depende del estado actual.

Matemáticamente, el *estado siguiente* $S(t+1)$ de una MEF queda determinado por $S(t+1) = f\{ S(t), x(t) \}$, siendo $S(t)$ el estado presente, $x(t)$ la entrada actual y $S(t+1)$ el estado siguiente. Según cada modelo, el *valor de salida* $z(t)$ será determinado por $z(t) = g\{ S(t), x(t) \}$ para el modelo de Mealy (ya que depende de ambos estados, previo y presente) y por $z(t) = g\{ S(t) \}$ para el de Moore (ya que solo depende del estado presente).

A fin de ejemplificar gráficamente ambos modelos, se presentan a continuación los diagramas de bloques correspondientes, simplificados para una mejor comprensión (imágenes 29 a 31).

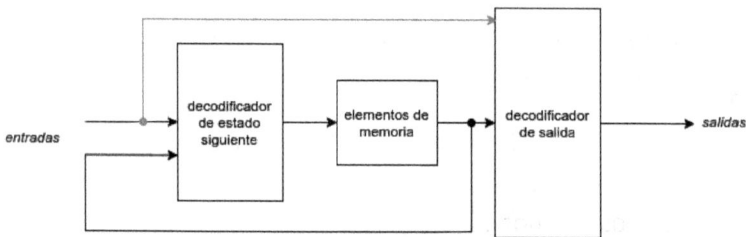

Imagen 29: *Diagrama de bloques de una MEF según modelo de Mealy*

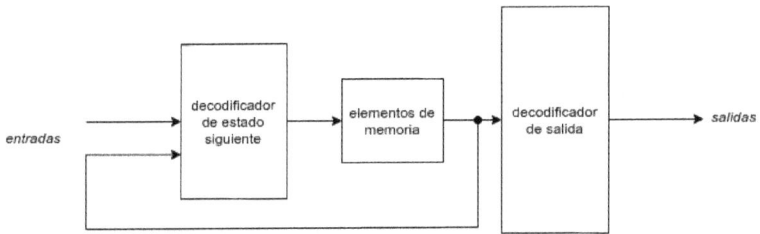

Imagen 30: *Diagrama de bloques de una MEF según modelo de Moorecon decodificador de salida*

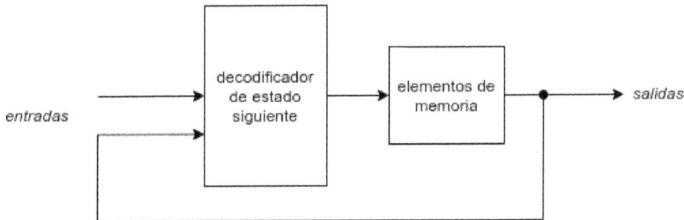

Imagen 31: *Diagrama de bloques de una MEF según modelo de Moore(sin decodificador de salida)*

DIAGRAMAS DE ESTADO   Los diagramas de estado se utilizan para representar mediante grafos, las relaciones entre los tres estados posibles de un circuito secuencial —presente, pasado y futuro (o siguiente)— y la salida.

En los grafos de los diagramas de estado, cada elemento tiene un significado característico:

- *Círculos.* Se trata de los nodos (vértices) de los grafos, y se utilizan para representar los estados.

- *Número binario.* Dentro del círculo, indica el estado representado por el círculo. En las líneas, indica:

  ○ Valor de entrada y salida (con la forma <entrada>/<salida>), en el caso del modelo de Mealy.

  ○ Valor de entrada, en el caso del modelo de Moore.

- *Líneas.* Cuando conectan al círculo con sí mismo, indica que el siguiente estado es igual al estado presente. Cuando conectan dos círculos, indican transición de estado (de un estado a otro).

Un ejemplo de estos diagramas puede verse en la imagen 32.

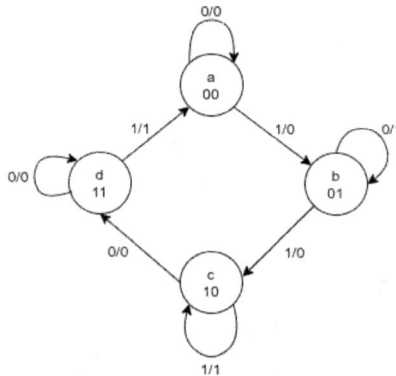

Imagen 32: *Diagrama de estado en el modelo de Mealy*

Circuitos lógicos programables

CIRCUITO LÓGICO PROGRAMABLE

Los *circuitos lógicos programables* (o dispositivos lógicos programables −DLP−) son circuitos integrados configurables, sobre los que se pueden implementar funciones lógicas.

Estos circuitos integrados son programables en la medida que permitan «romper» selectivamente, la interconexión entre las diferentes puertas lógicas, *flip-flops* y *registros* que lo componen (y dejar intactas otras), a fin de lograr las funciones deseadas.

REGISTRO

Un *registro* es un conjunto de *flip-flops* empleado para almacenar información binaria. Desde el momento en el que un *flip-flop* puede almacenar 1 bit, el flip-flop es considerado un *registro de bit único*.

Memorias programables de solo lectura (PROM)

PROM

Las memorias de solo lectura (ROM) programables (PROM, por sus siglas en inglés), son uno de los dispositivos que pueden encontrarse en la categoría de los DLP, y los hay de cuatro tipos:

1. Máscara de memoria programable de solo lectura (**MROM**[16]).

2. Memoria programable de solo lectura (**PROM**[17]).

---

16   **MROM:** Mask read-only memory
17   **PROM:** Programmable read-only memory

3. Memoria programable borrable de solo lectura (**EPROM**[18]).

4. Memoria programable y eléctricamente borrable de solo lectura (**EEPROM**[19]/**E²PROM** o **EAROM**[20]).

Las características de estos cuatro tipos se describen en la Tabla 23.

Tabla 23: *Tipos de memorias de solo-lectura y sus características programables*

Característica	MROM	PROM	EPROM	EAROM
Patrón de datos	Especificados por el(la) usuario(a). Programados por el(la) fabricante.	Especificados y programados eléctricamente por el(la) usuario(a).		
Reprogramable	NO		SI	
Método de borrado	No posee		Radiación ultravioleta por ~30'	Eléctricamente

Dispositivos lógicos programables combinados

DLP COMBINADO   Los DLP combinados son circuitos integrados con puertas lógicas programables, dispuestas en dos series de puertas **AND** y **OR**, ordenadas de forma tal que puedan proveer una suma de productos **AND - OR**.

---

18   **EPROM:** Erasable programmable read-only memory.
19   **EEPROM:** Electrically erasable and programmable read-only memory.
20   **EAROM:** Electrically alterable read-only memory.

Los DLP combinados se encuentran en tres tipos:

1. *Dispositivos PROM:* Los cuales poseen una serie **AND** fija —como decodificador—, y una serie **OR** programable.

2. *Circuitos PAL[21] (lógica de series[22] programables):* Compuestos por una serie **AND** programable, y una serie **OR** fija.

3. *Circuitos PLA[23] (series de lógica programables):* Los cuales constan de dos series **AND** y **OR**, ambas programables.

La diferencia entre estos tres tipos de circuitos, se resume en la Tabla 24.

Tabla 24: *Diferencias y similitudes entre los tres tipos de dispositivos lógicos programables combinados*

CARACTERÍSTICA	PROM	PAL	PLA
Serie AND	Fija	Programable	
Serie OR	Programable	Fija	Programable
Minitérminos	Decodificados	Programados para obtener los deseados	
Funciones booleanas admitidas	Solo forma canónica de SOP	Forma normal o canónica de SOP.	

---

21 **PAL:** Programmable Array Logic.
22 Se utiliza el término «serie» como traducción al español del término inglés «*array*», por considerar que es el término que se corresponde en español, a la definición dada en el diccionario de Cambridge para el término *array*.
23 **PLA:** Programmable Logic Array.

Conclusiones del capítulo

Considerando que los bits utilizados para representar la información son señales eléctricas y que estos se transfieren y evalúan por medio de circuitos que facilitan tanto la conducción de dichas señales como el almacenamiento de las mismas, es posible llegar a la conclusión de que en términos concretos, las operaciones que se ejecutan en dichos circuitos son combinaciones de señales eléctricas que, haciendo uso de teorías físicas como la Teoría de la Conductividad, son evaluadas matemáticamente para producir resultados lógicos, también representados mediante señales eléctricas.

A partir de ello y de la exposición realizada en los capítulos previos, además es posible concluir qué:

(a) Las leyes y teoremas del álgebra booleana, así como sus mecanismos de análisis y simplificación de expresiones algebraicas, son la base teórica para entender y evaluar las señales eléctricas que representan la información.

(b) Las puertas lógicas son la materialización del álgebra booleana, y que a través del diseño de circuitos, proveen los mecanismos necesarios para la creación de sistemas lógicos digitales de gran complejidad.

(c) Al hablar de circuitos lógicos digitales, el conocimiento no solo se limita a la integración del álgebra booleana con los mecanismos de diseño de los mismos, sino que además, permite entender a la Teoría de Conmutación de Circuitos y el Diseño Lógico como a la formalización matemática que sirve de sustento para crear modelos abstractos que luego se empleen como base para la producción electrónica de los mismos.

Capítulo V. Arquitectura de Sistemas Informáticos

Comúnmente se asocia a la programación con el desarrollo de aplicaciones informáticas que serán ejecutadas *sobre* el sistema operativo. Sin embargo, tanto el sistema operativo como los programas que controlan el hardware también requieren ser programados, pues no se crean a partir de la nada. Parece una obviedad, pero la programación a bajo nivel *también* es programación, y en ella, la arquitectura de ordenadores cumple un papel fundamental. Incluso, en el abordaje de la programación a alto nivel, el conocimiento de la arquitectura de ordenadores, amplía la visión de quien programa, así como su alcance. Dado el carácter tecnológico que esta disciplina a alcanzado en las últimas décadas, **este capítulo se centrará en retomar el abordaje científico de la arquitectura de sistemas informáticos**.

La arquitectura de sistemas informáticos es un área ampliamente estudiada desde la perspectiva tecnológica, es decir, a nivel de hardware y estructura.

Algunos autores como Subrata Dasgupta han hecho definiciones más amplias abarcando el aspecto abstracto que plantea la definición de modelos teóricos. Esto permitiría enmarcar a la Arquitectura de Sistemas Informáticos como disciplina científica.

Numerosa es la bibliografía en la que se coincide en que no existe un consenso respecto de una definición universal de lo que se entiende por arquitectura de sistemas informáticos, y por ello, el objetivo de este capítulo, se enfocará en obtener las bases teóricas sobre las que se fundamenta la arquitectura de sistemas, para que así, se pueda abordar la programación desde unas bases sólidas en lo que a conocimiento científico respecta sobre la materia.

Se realizará una recopilación, análisis y contraste de las observaciones realizadas por múltiples autores desde los años '80 hasta la actualidad, respecto de la arquitectura de sistemas informáticos, microarquitecturas y formas de explotación de paralelismos, dividiendo el capítulo en tres secciones:

1. Arquitectura de Sistemas Informáticos.

2. Exoarquitectura.

3. Y paralelismo.

Arquitectura de ordenadores

La *arquitectura de sistemas informáticos*, referida como *arquitectura de ordenadores*, es una disciplina sobre la cual —y hasta el momento—, no se ha dado una definición concreta. La importancia de alcanzar dicha definición, radica principalmente en que de ella no solo depende conocer los conceptos que la componen sino además, determinar el enfoque con el que estos son abarcados.

A continuación, se analizan las definiciones y descripciones (según el caso) realizadas desde 1984 hasta la actualidad, por seis autores diferentes. Se elige un orden de concordancia lógica para una mejor comprensión, identificándolo por el nombre del autor que se analiza.

MORRIS MANO (1993). Según Morris Mano, la arquitectura de sistemas informáticos, se refiere a la estructura y comportamiento del ordenador desde la perspectiva de quiénes deben hacer uso[24] de estas, y remarca una diferencia entre arquitectura, organización y diseño, dejando a estas dos últimas fuera del alcance de la arquitectura. Sin embargo, no asigna una acción concreta. Es decir, que no queda claro el nexo entre arquitectura de sistemas informáticos, y estructura y comportamiento.

SUBRATA DASGUPTA (1984, 1989, 2016). Subrata Dasgupta se refiere como *endoarquitectura* (o arquitectura interna) a lo que Mano denomina arquitectura, y como *exoarquitectura* (o arquitectura externa) a lo que Mano refiere como diseño y organización. Para Dasgupta, la arquitectura interna es aquella "que no se ve", pues define modelos abstractos y conceptos sobre el funcionamiento del ordenador, que luego son interpretados por aquellas

---

24 Al hablar de personas que «deben» hacer uso, Morris Mano se está refiriendo, principalmente, a personas responsables de programar sistemas operativos y programas en lenguaje ensamblador.

personas encargadas de diseñar la arquitectura externa, es decir, aquella «visible para quienes programan». Esta definición implica a los registros, el juego de instrucciones, los lenguajes ensambladores, entre otros, y de los cuáles se hablará más adelante.

Dasgupta considera al diseño y a la organización como parte de la arquitectura de sistemas informáticos. Esto implica que extiende el campo de acción de la arquitectura de sistemas informáticos, al cual en una etapa más actual (2016) define categóricamente como *la disciplina que se encarga del diseño, descripción, análisis, y estudio de la organización lógica, el comportamiento y los elementos funcionales de un ordenador físico.*

En este sentido, hace una distinción entre la arquitectura como un modelo abstracto del ordenador físico, y el hardware como la tecnología que implementa dichos modelos.

Esta distinción con respecto al hardware cobra aún más sentido si se la contrasta con la definición de tecnología hecha por el epistemólogo Mario Bunge quien en su obra *«Pseudociencia e ideología»* (Alianza Editorial, Madrid 1985, pág. 33) afirma que la tecnología es un campo de investigación, diseño y planificación que emplea conocimientos científicos con el fin de emplearlos, entre otras cosas, en el diseño y desarrollo de artefactos (Bunge, 1985).

HENNESEY Y PATTERSON (2012). Estos autores —ampliamente citados en la actualidad— dan una explicación más acercada a la definición de Dasgupta pero no con el grado de precisión suficiente para ser considerada una definición categórica. Los autores explican que la arquitectura de sistemas informáticos se compone de un conjunto de cuatro *acciones*:

1. Diseño del conjunto de instrucciones.

2. Organización funcional.

3. Diseño lógico.

4. Implementación.

Lo anterior solo explica cuáles son los componentes que conforman la arquitectura de sistemas informáticos pero no especifica qué es la arquitectura de sistemas informáticos de forma categórica.

RAJARAMAN Y ADABALA (2015). Rajaraman y Adabala dan una definición también cercana a la de Dasgupta, pero no tan concreta. Estos autores definen la arquitectura de sistemas informáticos como la forma en la que los componentes se interconectan físicamente y cómo su funcionamiento es coordinado para lograr una óptima comunicación a lo largo de todo el proceso.

Esta definición es algo ambigua, ya que podría aplicarse al estudio de la tecnología (hardware) como un proceso inverso (partir de la tecnología para entender su arquitectura). Al igual que en el caso de M. Mano, esta ambigüedad se debe a la falta de un nexo entre el término definido y los términos asociados.

Para concluir este análisis, la tabla 25 muestra un resumen de las áreas de estudio que los mencionados autores, consideran como parte de la arquitectura de sistemas informáticos.

Tabla 25: Áreas de estudio de la arquitectura de sistemas informáticos según diversos autores

AUTOR	ÁREAS DE ESTUDIO QUE SE INCLUYEN COMO PARTE DE LA ARQUITECTURA DE SISTEMAS INFORMÁTICOS
HENNESY, J., PATTERSON, D.	Diseño del conjunto de instrucciones. Organización funcional. Diseño lógico. Implementación.
MANO, M.	Estructura y comportamiento del ordenador (desde la perspectiva de quiénes programan)

AUTOR	ÁREAS DE ESTUDIO QUE SE INCLUYEN COMO PARTE DE LA ARQUITECTURA DE SISTEMAS INFORMÁTICOS
RAJARAMAN, V., ADABALA, N.	Podría estar refiriéndose tanto a la organización funcional como al comportamiento del ordenador. Diseño lógico.
SUBRATA, D.	Endoarquitectura (base teórica de la exoarquitectura): - Modelos abstractos. - Diseño del Funcionamiento del ordenador. Exoarquitectura (base aplicada por quienes programan, de la endoarquitectura): - Registros. - Juego de instrucciones. - Lenguaje ensamblador.

Si se analizan las definiciones de estos seis autores, se observa que la única definición categórica es la realizada por S. Dasgupta. No obstante, los otros autores, aunque de forma algo ambigua, coinciden en gran parte con esta distinción.

Sin embargo, uno de los puntos clave en la descripción realizada por Dasgupta, va más allá de la definición de la arquitectura como disciplina, y especifica el objetivo de esta. Este factor, permite determinar el enfoque científico de la misma, pues en ella contempla **el estudio y especificación de los modelos teóricos**.

Por lo tanto, la definición categórica propuesta para arquitectura de sistemas informáticos, se presenta a continuación.

ARQUITECTURA DE SISTEMAS INFORMÁTICOS   La *arquitectura de sistemas informáticos* es la rama de las ciencias informáticas que tiene por objeto la definición de un modelo teórico formulado a partir del estudio, análisis, descripción y diseño de la organización lógica, el comportamiento y los elementos funcionales de un ordenador, con el fin de ser empleado en el desarrollo tecnológico de los componentes físicos que lo integran.

ORGANIZACIÓN DE SISTEMAS INFORMÁTICOS

En este contexto, se entiende por *organización* al estudio y determinación de la forma en la que los componentes de un ordenador se conectan entre sí para crear una estructura única.

DISEÑO DE SISTEMAS INFORMÁTICOS

Se entiendo por *diseño de sistemas informáticos*, al estudio y determinación de los componentes que deben ser empleados para satisfacer las demandas del mercado, al tiempo de cumplir con el modelo teórico definido.

Esquemas de clasificación y taxonomías

Según la bibliografía consultada, cabría afirmar que hasta el momento, no existe un consenso en la comunidad científica respecto a una taxonomía universalmente aceptada, o forma de clasificar las diversas arquitecturas, universalmente aceptada.

Se han encontrado referencias a estudios relativos a la misma (Flynn 1966, Handler 1977, Dasgupta 1982, Giloi 1983, Hwang y Briggs 1984) y a pesar de no haber hallado estudios posteriores a 1984 (o referencia a los mismos) tampoco se ha encontrado evidencia de un consenso. De hecho, ha excepción de la taxonomía de Flynn —mencionada por múltiples autores—, y de los análisis realizados por Dasgupta, han sido temas ignorados en parte de la bibliografía.

No obstante, al tratarse de conceptos que podrían aportar validez científica a la arquitectura de sistemas informáticos como disciplina más allá del aspecto tecnológico, se los incluye en este capítulo, tomando como base las referencias hechas por S. Dasgupta en «*Computer Architecture, A Modern Syntheis, Volume 2: Advanced Topics*» (John Wiley & Son, 1989). Por otra parte, estas referencias, ayudan a segmentar la información, de forma tal que facilitan su análisis. La segmentación de la información y su análisis, son la base del pensamiento computacional en el abordaje de la programación.

Taxonomía de Flynn (1966)

Probablemente, la taxonomía más citada en la bibliografía y también, la más discutida, y de la cual derivan varios conceptos (o términos) actuales. Esta taxonomía se fundamenta, según el análisis de Dasgupta, en seis componentes o características, que se resumen en la tabla 26.

Tabla 26: Componentes de la taxonomía de Flynn

COMPONENTE	OBSERVACIÓN ADICIONAL
MEMORIA DE INSTRUCCIÓN	Se trata de una distinción en términos lógicos (categorías diferentes) pero que no implica una diferencia física real a nivel de memoria.
MEMORIA DE DATOS	
UNIDAD DE CONTROL	Implica la complejidad a nivel hardware para generar direcciones de memoria para las instrucciones y los operandos, así como para buscar instrucciones y decodificarlas.
UNIDAD DE PROCESAMIENTO	Se refiere a la complejidad del hardware para ejecutar el total de las operaciones soportadas por un ordenador.
FLUJO DE INSTRUCCIONES	Se refiere a la secuencia de instrucciones llevadas a cabo por el ordenador.
FLUJO DE DATOS	Definido por Flynn como la secuencia de datos requeridos por el flujo de instrucciones (incluyendo entradas y salidas parciales).

A partir de estos componentes, Flynn establece una taxonomía no jerárquica compuesta de una única categoría general —ordenador— subdividida en cuatro subelementos, cuya denominación se corresponde con las siglas del nombre en inglés. Dichos subelementos se resumen en la tabla 27.

Tabla 27: Elementos de la taxonomía de Flynn

Sigla	Denominación (inglés)	Observaciones
SISD	*single instruction stream, single data stream*	**Un solo flujo de instrucción, un solo flujo de datos.** Si bien se refiere a un procesador único puede emplearse para explotar el paralelismo (Hennessy y Patterson, 2012).
SIMD	*single instruction stream, multiple data stream*	**Un solo flujo de instrucción, múltiples flujos de datos.** Aquí la misma instrucción es ejecutada en paralelo por varios procesadores (cada uno de ellos con su propia memoria de datos) pero empleando diferentes flujos.
MISD	*multiple instruction stream, single data stream*	**Múltiples flujos de instrucciones, único flujo de datos.** Este subelemento fue definido pero en la realidad nunca se construyó un procesador con estas características por lo que probablemente se trate de una categoría teórica no explotada hasta el momento.
MIMD	*multiple instruction stream, multiple data stream*	**Múltiples flujos de instrucciones, múltiples flujos de datos.** Aquí, cada procesador busca sus propias instrucciones y opera con sus propios datos.

Sistema de clasificación de Earlangen (Händler, 1977)

En este sistema se proponen tres niveles de procesamiento, que al igual que en la taxonomía de Flynn, sus denominaciones corresponden a las siglas del nombre en inglés. Dicha clasificación se resume en la tabla 28.

Tabla 28: *Elementos del sistema de clasificación de Earlangen*

SIGLA	DENOMINACIÓN (INGLÉS)	DESCRIPCIÓN
PCU	*Program control unit*	**Unidad de control de programa.** Encargada de interpretar las instrucciones de los programas.
ALU	*Arithmetic Logic Unit*	**Unidad lógico aritmética.** Encargada de ejecutar las operaciones indicadas por la CPU.
ELC	*Elementary Logic Circuit*	**Circuito lógico elemental.** Encargado de procesar un único bit de datos dentro de la ALU.

Como puede observarse en la tabla anterior, similarmente a lo que sucede con la taxonomía de Flynn, los elementos del sistema de clasificación de Earlangen, también han servido como base de conceptos actuales (en este caso, referidos a la organización de los componentes de un ordenador y forma en la que se interconectan).

Esquema de clasificación de Giloi (1983)

En el caso de Giloi, se propuso una clasificación basada en una gramática formal G determinada por una cuádrupla $G = <V_N, V_T, P, S>$, donde V_N denota un cierto conjunto de características arquitectónicas; V_T, un conjunto de características axiomáticas; P, el conjunto de reglas; y S, el símbolo sentencial «arquitectura del ordenador».

Clasificación de Hwang y Briggs (1984)

Se trata de una modificación de la taxonomía de Flynn que propone la eliminación de MISD, y la subdividión de SISD, SIMD y MIMD en dos elementos cada uno. El resumen del esquema de clasificación se muestra en la tabla 29.

Tabla 29: *Esquema de clasificación de Hwang y Briggs.*

Elemento original de Flynn	Subdivisión (inglés)		Explicación
	Identificador	Significado	
SISD	S	*simple*	Destinado a unidades funcionales simples
	M	*multiple*	Destinado a unidades funcionales múltiples
SIMD	W	*Word-slice*	Hace referencia al procesamiento de palabras completas en paralelo
	B	*Bit-slice*	Hace referencia al procesamiento del mismo bit de varias palabras en paralelo
MIMD	L	*Loosely*	Se refiere a procesadores débilmente acoplados
	T	*Tightly*	Se refiere a procesadores fuertemente acoplados

Estilos arquitectónicos según Dasgupta (1989): morfología y evolución

Según el autor, la arquitectura de sistemas informáticos puede ser clasificada sobre la base de dos perspectivas (o filosofías como las llama Dasgupta):

CLASIFICACIÓN MORFOLÓGICA. La primera, que pretende clasificar las diversas arquitecturas según las características observables de la forma final que la arquitectura se exhibe. Esta clasificación solo puede alcanzarse una vez que el análisis y diseño de una arquitectura se encuentra concluido, lo que la convierte en una clasificación descriptiva y observacional.

CLASIFICACIÓN EVOLUTIVA. La segunda, se centra en la forma en la que las arquitecturas han ido evolucionando, de allí que Dasgupta haya decidido llamarla "evolutiva". Al igual que la anterior, constituye una clasificación descriptiva, y según el autor, envuelve dos tipos de factores históricos:

(a) *Factor filogénico:* Describe la arquitectura como miembro de una familia arquitectónica durante un determinado período de tiempo.

(b) *Factor ontogénico:* Describe las características que llevaron a tomar una determinada decisión de diseño.

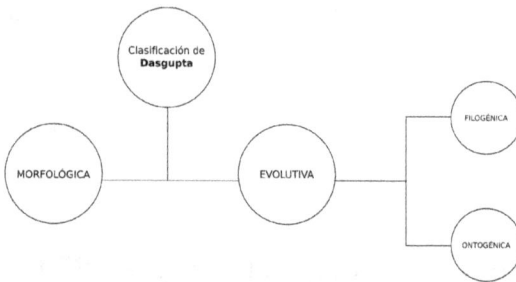

Imagen 33: *Estilos arquitectónicos según Dasgupta*

Exoarquitectura o arquitectura visible

EXOARQUITECTURA   La exoarquitectura es aquella arquitectura que puede ser visible a quien programa, y puede ser definida como la arquitectura que define la estructura y comportamiento del ordenador.

Para una mejor comprensión, este apartado se subdividirá en tres partes siguiendo un esquema que apoye la definición categórica dada en el apartado previo. Estas tres partes serán organizadas de la siguiente manera:

- *Primera parte: componentes.* Se formulará a modo introductorio, de forma tal que permita obtener una visión general de los componentes básicos que posibilitan el funcionamiento de un ordenador, y en los cuales se basa su arquitectura.

- *Segunda parte: organización interna.* Abarcará la forma en la que dichos componentes se organizan, poniendo el foco en la definición de conceptos que atañen a la arquitectura como disciplina.

- *Tercera parte: programación y código máquina.* Se enfocará en la parte que incumbe a los lenguajes de bajo nivel.

Primera Parte: Componentes.

Como se comentó en la página 145, la unidad central de procesamiento (CPU, por sus siglas en inglés) se conforma de tres partes principales:

I.   *Registros.* Actúan como intermediarios almacenando información durante la ejecución de instrucciones.

II. *Unidad Lógico Aritmética (ALU).* Lleva a cabo las microoperaciones requeridas para la ejecución de instrucciones.

III. *Unidad De Control.* Supervisa la transferencia de información en los registros e instruye a la ALU sobre las operaciones que debe realizar.

Para que la CPU ejecute todas estas acciones, se requiere de un sistema que permita «instruir» (es decir, dar instrucciones) a la CPU.

Por ello, toda CPU posee su propio conjunto de instrucciones, diseñado por las personas que tienen a su cargo la programación del software que controla el hardware.

JUEGO DE INSTRUCCIONES

El conjunto de instrucciones (que instruyen) a la CPU, es conocido como ISA (*Instruction Set Architecture*). El ISA define tanto el tipo de datos soportado por el hardware como el tipo de operaciones que pueden ser llevadas a cabo. En la clasificación de los diferentes niveles de abstracción comentada anteriormente, el juego de instrucciones (ISA) entraría dentro de la categoría que Subrata Dasgupta definió como *exoarquitectura* o arquitectura externa.

INSTRUCCIÓN

Una *instrucción* es un paquete de información que contiene tanto la operación a ser ejecutada como las tanto direcciones de memoria en las que se encuentran los operandos (datos sobre los cuáles se ejecutarán las operaciones) como aquellas en las que se deberán almacenar los datos de salida.

La sintaxis de estas instrucciones, así como los nombres de cada operación, dependerán exclusivamente del hardware.

TIPO DE INSTRUCCIONES

El tipo de instrucciones que un ordenador debe incluir se considera completo si satisface las siguientes operaciones:

1. Operaciones lógicas y aritméticas.

2. Operaciones de entrada y salida.

3. Instrucciones de control de programa y de verificación de estado.

4. Operaciones para mover información desde y hacia la memoria

(direccionamiento de memoria), y a los registros.

JERARQUÍA DE MEMORIA

El hecho de que cada instrucción del ISA necesite hacer referencia a una dirección de memoria específica, supone la capacidad de manejo de espacios de memoria dedicados a cada grupo de instrucciones (es decir, programas).

Estos espacios de memoria se manejan mediante componentes organizados de forma jerárquica, en términos de tiempo de retención de la información (desde el componente que mayor tiempo retiene la información al que menos), de capacidad (desde el que mayor capacidad posee al que menor), y de velocidad de acceso (desde el más lento al más rápido).

Esta jerarquía queda constituida como se muestra en la tabla 30.

Tabla 30: *Jerarquía de memoria*

TIPO DE MEMORIA	DESCRIPCIÓN
MEMORIA DE LARGO PLAZO	También conocida como memoria secundaria, hace referencia a una memoria con capacidad de almacenamiento permanente, gran tamaño, y una velocidad de acceso lenta. Un disco duro (HD) es ejemplo de este tipo de memoria.
MEMORIA DE MEDIO PLAZO	Se refiere a la memoria principal. Se trata de una memoria cuyo almacenamiento es temporal y permanece el tiempo en el que un ordenador se mantiene encendido. Tiene menor capacidad que la anterior pero su velocidad de acceso es mucho más rápida.

TIPO DE MEMORIA	DESCRIPCIÓN
MEMORIA DE CORTO PLAZO	También denominada como memoria de trabajo, hace referencia a los registros. Es una memoria volátil cuyo contenido cambia constantemente a lo largo de las múltiples operaciones llevadas a cabo en un ordenador mientras este se mantiene encendido. Su capacidad de almacenamiento es muy inferior a las dos anteriores pero su velocidad de acceso es la más rápida.

MEMORIA CACHÉ

A fin de acelerar la velocidad de procesamiento existe una memoria denominada memoria caché, la cual permite compensar por el diferencial de velocidad entre el tiempo de acceso a la memoria principal y el procesador lógico (Mano, 1992).

Dado que el procesador suele ser más rápido que la memoria, su velocidad de procesamiento se ve limitada por el tiempo de acceso a esta.

El uso de una memoria de este tipo, permite almacenar segmentos de programas que están siendo ejecutados y así, reducir dicho retraso.

La exoarquitectura formulada por Dasgupta, es vista como la *estructura interna y comportamiento del ordenador* por Morris Mano, abarcando así la definición de cuatro aspectos clave en esta categorización:

1. *El formato de las instrucciones (sintaxis)*. La CPU es la responsable de interpretar las instrucciones de código.

   El formato de cada instrucción suele dividirse en campos (grupos de bits) tales como el código de operación (OPCODE), una dirección (ADDR) de memoria o registro donde se encuentra la información a ser procesada, y el modo (MODE) de direccionamiento.

2. El *juego de instrucciones* propiamente dicho (explicado previamente).

3. *Los modos de direccionamiento de memoria.*

   Estos modos podrían resumirse en los de la siguiente lista:

   • implícito e inmediato;

   • de registro y registro indirecto;

   • de incremento y decremento automáticos;

   • de dirección directa, indirecta, relativa e indexada;

   • y de direccionamiento de registro base.

4. La *organización de los registros*.

Segunda parte: Organización interna

La organización de un ordenador es definida por los registros, su estructura de control y el juego de instrucciones.

ORGANIZACIÓN INTERNA DEL ORDENADOR

Según Morris Mano, la organización interna se define por la forma en la que las microoperaciones son llevadas a cabo sobre los datos almacenados en sus registros.

En este sentido, puede decirse que una organización básica consistirá en al menos tres elementos:

1. Un acumulador (registro).

2. Un espacio de memoria[25] para

---

25   Es de hacer notar que al planificar el modo de acceso y manejo de los espacios de memoria y la forma de asignarse a cada programa, se debe pensar en un modo efectivo de lograr que la propia

almacenar las instrucciones (programas) y otro para almacenar los datos (operandos).

3. Un formato de instrucción que especifique: (a) el código de operación; y (b) la dirección de memoria o código de registro donde se encuentran los operandos.

La dirección de memoria (o de registro) es leída para saber de dónde obtener los datos, y así ejecutar las operaciones sobre estos.

INSTRUCCIÓN

En este contexto, una instrucción se refiere a una secuencia binaria que «instruye» al ordenador sobre una operación a efectuar.

El *formato de instrucción* es especificado por quien realiza el diseño de la arquitectura del ordenador. En un ordenador básico pueden encontrarse tres tipos de formato:

1. Formato de instrucción con referencia a la memoria.

---

memoria provea a los sistemas operativos de las herramientas necesarias para impedir que programas ajenos a los espacios de memoria ya asignados, accedan a estos. Este requisito es una de las principales bases de la seguridad informática que atañe a la arquitectura de sistemas. Hoy día, todo el hardware provee de dichos mecanismos y todos los sistemas operativos basados en UNIX y GNU/Linux (no así algunos sistemas que emplean modificaciones del Kernel como sucede en dispositivos móviles, cámaras de seguridad, sistemas inteligentes de TV, entre otros), han logrado implementar estos mecanismos de forma efectiva. Otros sistemas operativos, al día de hoy, no han logrado hacer un uso apropiado de los mismos, dando origen a que programas con código malicioso (vulgarmente conocidos como «virus informáticos»), invadan los espacios de memoria de programas genuinos, y ejecuten instrucciones que faciliten a estos programas, invadir los espacios de memoria de otros programas, distribuyendo así de forma exponencial, las instrucciones maliciosas del programa original.

2. Formato de instrucción con referencia al registro.

3. Formato de instrucción de entrada y salida.

OPERACIÓN

Según la *Real Academia de Ingeniería*[26], una operación es un «proceso o procedimiento que obtiene un resultado unívoco para cualquier combinación permisible de operandos» (*Diccionario Español de Ingeniería*[27]).

Una operación se representa mediante un código de bits cuya longitud depende de la cantidad de operaciones soportadas por el ordenador (n bits para 2^n operaciones).

Las operaciones se realizan sobre datos almacenados, o bien en la memoria o bien en los registros, por lo que se debe especificar la dirección de memoria donde dichos datos se almacenan, o el código de k bits que representa a uno de los 2^k códigos de bits con los que se identifica al registro que contiene la información.

Normalmente, las instrucciones se almacenan en ubicaciones continuas de la memoria y se ejecutan secuencialmente de a una por vez, aunque en la tercera parte se verá que esto no necesariamente es así cuando se trata de arquitecturas paralelas.

---

26   http://www.raing.es/
27   http://diccionario.raing.es/es/lema/operaci%C3%B3n

Cuando una instrucción es leída desde una dirección específica de la memoria y luego ejecutada, la unidad de control lee la siguiente instrucción, la ejecuta y repite el proceso. Esto hace necesario que la unidad de control cuente con:

- Un *contador* para calcular la dirección siguiente.

- Un registro para almacenar la instrucción tras ser leída de la memoria.

Es entonces que los ordenadores necesitan los registros de procesador con dos propósitos:

(a) Manipular la información;

(b) Mantener una dirección de memoria.

CICLO DE EJECUCIÓN   Se conoce como ciclo de ejecución, al ciclo completo que se realiza en un ordenador básico para leer y ejecutar las instrucciones, consta de cuatro fases:

1. Buscar una instrucción en la memoria.

2. Decodificar la instrucción.

3. Leer la dirección efectiva de memoria (en caso de que la instrucción posea una dirección indirecta).

4. Ejecutar la instrucción.

Este ciclo se repite de forma constante a menos que se envíe una señal de interrupción (instrucción conocida como **HALT**).

SISTEMA DE TRANSPORTE COMÚN

Los registros, la unidad de memoria, y la de control necesitan estar «conectados» de algún modo, a fin de transportar la información entre registros, y entre la memoria y estos. La cantidad de registros hace que el uso de cables sea algo inviable por lo que se utiliza un bus (transporte) común mencionado con anterioridad (ver página 147). A este sistema de transporte se lo conoce como sistema de transporte común.

Tercera parte: Programación y código máquina

PROGRAMA

Un programa es una secuencia ordenada de instrucciones —directas o indirectas— que el ordenador debe ejecutar.

La tarea de quien programa es especificar dichas instrucciones en código máquina o en un lenguaje de traducción directa.

En general, los programas informáticos pueden o no ser dependientes del hardware, pero un lenguaje escrito en código máquina o directamente traducible a código máquina, es un lenguaje que indefectiblemente, dependerá del hardware.

Solo los lenguajes de alto nivel, son los que permiten una escritura de código independiente del hardware, aunque luego deban ser traducidos al código máquina de la arquitectura correspondiente, puesto que un ordenador solo podrá ejecutar código máquina.

CÓDIGO MÁQUINA   El código máquina (o lenguaje máquina) es aquel código que puede ser interpretado por el hardware y que depende de este.

El código máquina se divide en tres categorías tal y como muestra la tabla 31.

Tabla 31: *Categorías en las que se divide el código máquina*

CATEGORÍA[28]	DESCRIPCIÓN
CÓDIGO BINARIO	Donde toda la secuencia de instrucciones (operaciones y operandos) se encuentran tal y como se aloja en la memoria.
CÓDIGO OCTAL O HEXADECIMAL	Se trata de una traducción exacta del código binario representada en código octal o hexadecimal.
CÓDIGO ENSAMBLADOR	Se trata de un lenguaje algebraico que emplea símbolos (letras, números, entre otros) para la escritura de instrucciones, que luego son traducidas por un programa denominado *ensamblador* (de allí que a este lenguaje se lo denomine lenguaje ensamblador). Cada ordenador comercial posee su propio lenguaje ensamblador, con sus propias reglas, las que suelen (o por lo menos correspondería que así fuese) estar debidamente documentadas.

A fin de ejemplificar estas tres categorías en las cuales se divide el código máquina, se presentará primero el lenguaje ensamblador que es el lenguaje en el que se suele escribir el código máquina, para luego traducirse a hexadecimal y/o binario. El código se encuentra comentado para una mejor comprensión del mismo.

---

28   Para ver **ejemplos de código** explico en las tres categorías, remitirse a **Anexo I** en página 38.

Lenguaje ensamblador (arquitecturas x86_64)

El siguiente código en lenguaje ensamblador para arquitecturas x86 de 64 bits, almacena (**MOV**) el decimal **8** en el registro r**AX**, luego le resta (**SUB**) **1** (almacenando el resultado también en el registro r**AX**), después le suma (**ADD**) **2** (siempre almacenando el resultado en r**AX**) y finalmente, retorna (**RET**) el resultado almacenado en el registro r**AX**:

```
MOV rAX, 8
SUB rAX, 1
ADD rAX, 2
RET
```

Código 3: Lenguaje ensamblador de arquitecturas x86_64

Lo anterior (**8** – **1** + **2**) retornará **9** como resultado. En lenguaje ensamblador, un registro funciona como una variable (es un espacio en el cual almacenar información). Teniendo en cuenta que **MOV, SUB** y **ADD** son las operaciones mover (que mueve el operando a la dirección indicada —es decir que lo almacena en dicho registro—), restar y sumar, respectivamente, r**AX** (como registro [**r**]) cumple la función *"dirección"* (**AX**) en la cual se almacenan los operandos. Es decir que **8, 1** y **2** son los operandos. **RET** es otra operación que siempre retorna el valor almacenado en el registro previo.

Código hexadecimal

Todas las operaciones del lenguaje ensamblador de arquitecturas x86_64, tienen un equivalente en hexadecimal. Por ejemplo, el equivalente hexadecimal de **MOV** es **0xc7** y el de **RET 0xc3**. Así, el código hexadecimal equivalente del programa anterior en lenguaje ensamblador, se verá como el siguiente:

```
48 c7 c0 08 00 00 00
48 83 e8 01
48 83 c0 02
c3
```

Código 4: *código hexadecimal del ejemplo 3*

Código binario

El mismo código puede pasarse de hexadecimal a binario y verse como sigue:

```
01001000110001111100000000001000
01001000100000111110100000000001
01001000100000111100000000000010
11000011000000000000000000000000
```

Código 5: *código binario traducido desde el ejemplo 4*

Arquitecturas paralelas

PROCESAMIENTO EN PARALELO

El *procesamiento en paralelo* es la forma de denominar a un conjunto de técnicas empleadas para procesar información simultáneamente.

El objetivo de procesar la información en forma simultánea, es reducir la cantidad de tiempo que consume la ejecución de un programa.

ARQUITECTURA PARALELA

Una arquitectura paralela es aquella que emplea el procesamiento en paralelo como técnica de procesamiento.

Para explicar en qué consiste una arquitectura paralela, puede pensarse en cualquier tarea cotidiana que realizada simultáneamente entre dos o más personas, se lleve a cabo más rápidamente. En una arquitectura paralela, las personas que ejecutan las acciones son procesadores o cualquier elemento de procesamiento.

Al más bajo nivel posible, la diferencia entre el procesamiento paralelo y serial consiste en que en este último, el procesamiento se realiza bit a bit mientras que en el primero, se realiza con todos los bits de una palabra, simultáneamente.

¿Cómo funciona?

Para que los múltiples procesadores puedan comunicarse unos con otros, estos se conectan en red. La forma en la que lleven a cabo dicha comunicación, dependerá de la topología de red[29] elegida.

Al emplear múltiples elementos de procesamientos —o procesadores—, es posible reducir el tiempo de ejecución de un programa si se lo divide en tareas independientes y se asigna cada una de estas tareas a un procesador específico.

Cada uno de los procesadores que ejecuta estas tareas en paralelo, comunica los resultados a otro. Esto tiene un costo de tiempo que se emplea para medir el tiempo total necesario para resolver un problema. Este tiempo de comunicación puede verse reducido empleando la topología de red adecuada, teniendo en

---

29   Este tema se abarca en mayor profundidad en el apartado «Topologías de red» del

capítulo VI, en página 236.

cuenta que cuanto más cercanos sean los nodos, menor será el recorrido de la información y por lo tanto, menor será el tiempo invertido en transferirla.

Factores que influyen en el diseño de una arquitectura paralela

El diseño de una arquitectura paralela, requiere analizar múltiples factores tales como:

- La cantidad de tareas en las que un problema puede ser resuelto.

- La forma en la que dichas tareas serán distribuidas en los procesadores.

- La forma en la que los procesadores deben estar interconectados.

- La forma en la que la ejecución de las tareas será sincronizada en los diferentes procesadores.

- El tiempo que será invertido en transportar la información.

Las técnicas de explotación del paralelismo deben procurar tener en cuenta los factores mencionados previamente, a fin de alcanzar un nivel óptimo de procesamiento simultáneo.

Técnicas y niveles de paralelismo: un análisis de la bibliografía de Morris Mano, S.K. Basu, John Hennesy y David Patterson

Según los autores consultados, existen diferentes niveles de paralelismo que son explotados mediante diversas técnicas. Antes de arribar a los mismos, algunos autores como Morris Mano (*Computer System Architecture*, 1992), dan una visión global del procesamiento paralelo mencionando tres tipos de técnicas:

SEGMENTACIÓN	La **segmentación** (*pipelining*, en inglés), se define como una técnica de descomposición de un proceso secuencial en suboperaciones. Cada suboperación se lleva a cabo en un segmento de procesamiento y el resultado de la misma se transfiere al siguiente segmento. Al atravesar el último, se obtiene el resultado final de la operación.
ARRAYS	Los **procesadores de matriz** (arrays, en inglés), son unidades de procesamiento sincronizadas para llevar a cabo una única instrucción sobre múltiples flujos de datos (SIMD).
PROCESAMIENTO VECTORIAL	El **procesamiento vectorial**, es aquel que optimiza la forma de llevar a cabo múltiples instrucciones en paralelo sobre grandes matrices de datos, para aquellos problemas que pueden formularse y ser resueltos en términos de matrices matemáticas (comercialmente, los ordenadores con dicha capacidad son conocidos como «superordenadores»).

Sobre la base de la Taxonomía de Flynn (1966), Patterson y Hennesy (*Computer Architecture, A Quantitive Approach*, 2012) hacen una distinción en dos niveles de paralelismo:

PARALELISMO DE DATOS	El paralelismo a nivel de datos, conocido en inglés como DLP *(Data Level Parallelism)*, es aquel paralelismo que hace referencia a la cantidad de datos a ser procesados en paralelo.

PARALELISMO DE TAREAS El paralelismo a nivel de tareas, conocido en inglés como TLP (*Task Level Parallelism*), es aquel paralelismo que hace referencia a la cantidad de acciones a ser ejecutadas en forma paralela e independiente.

Los autores consideran que estos dos niveles de paralelismo son explotados de cuatro formas diferentes:

1. ***Paralelismo a nivel de instrucción***, que explota el paralelismo a nivel de datos.

   Dentro de este nivel, Hennesy y Patterson consideran a la segmentación y a la más reciente técnica de ejecución especulativa (o ejecución fuera de orden), una técnica de optimización que permite maximizar el uso de todas las unidades de ejecución (núcleos) de los procesadores modernos, donde las instrucciones se van ejecutando de forma predictiva, en la medida en la que haya recursos disponibles. Dichas predicciones se realizan empleando *predictores de saltos* los cuales utilizan diferentes mecanismos en tiempo de ejecución para intentar predecir qué instrucciones serán las próximas a ser ejecutadas, considerando para ello que aquellas instrucciones en la ruta actual de ejecución y aquellas que no tienen dependencias, pueden ser ejecutadas de forma anticipada.

   Cuando la predicción resulta correcta, el resultado de la ejecución se utiliza para la siguiente predicción, y cuando no, se hace una vuelta atrás (*rollback*), reordenando la memoria temporal (E. Bahit: «Meltdown y Spectre: Fundamentos técnicos del ataque», Hackers & Developers Press: Londres, 2016).

   Los procesadores VLIW (*Very Long Instruction Word*), también hacen uso de esta forma de explotación. Se trata de

EUGENIA BAHIT. FUNDAMENTOS DE CIENCIAS INFORMÁTICAS PARA EL ABORDAJE DE LA PROGRAMACIÓN

procesadores que ejecutan largas cadenas de instrucción compuestas por varias operaciones lógicas, aritméticas y de control a través de varias unidades funcionales actuando en forma paralela.

Otro tipo tipo de procesadores que hacen uso del paralelismo a nivel de instrucción, son los procesadores superescalares, en los cuáles las instrucciones comunes pueden ser iniciadas simultáneamente pero ejecutadas de forma independiente.

2. **Procesamiento vectorial** y unidades de procesador gráfico (GPUs).

3. Paralelismo a nivel de hilos.

4. Paralelismo a nivel de solicitud.

S. K. Basu hace referencia a métodos de paralelismo y menciona dos grandes grupos:

1. **Segmentación.** Al hablar de segmentación, S. K. Basu explica la diferencia entre arquitecturas segmentadas y no segmentadas, en términos del tiempo que demanda la ejecución de tareas. Para ello explica qué: existiendo k escenarios cuya ejecución se lleva a cabo en t unidades de tiempo, un sistema no segmentado requiere nkt unidades de tiempo para producir n salidas, mientras que un sistema segmentado requerirá $n/(k*n-1)$ unidades de tiempo.

2. **Multiprocesamiento.** Por multiprocesamiento, Basu se refiere a arquitecturas que reúnen varios procesadores o elementos de procesamiento (pequeños procesadores) con las mismas capacidades funcionales y que trabajan de forma conjunta (bien sea de manera sincrónica o bien, asíncrona) para procesar una tarea en el menor tiempo posible.

Paradigmas del procesamiento paralelo

MODELO COMPUTACIONAL

En ciencias informáticas, un *modelo computacional* es una descripción abstracta de cómo un ordenador debe construirse, y ofrece las bases para el diseño de los algoritmos de la arquitectura que describe, tales como las reglas y operaciones a ser empleadas para construir programas válidos.

Según S. K. Basu, en la computación paralela se pueden encontrar dos modelos computacionales:

MODELO PRAM

El modelo PRAM (*Parallel Random Access Machine*) es un modelo en el que N procesadores acceden globalmente a una ubicación arbitraria de una memoria compartida, y en el que existen por lo menos tres variantes:

(a) EREW PRAM. El acceso es, o bien exclusivo para la lectura, o bien, exclusivo para la escritura.

(b) CREW PRAM. Permite leer la memoria de forma concurrente pero mantiene la exclusividad en la escritura.

(c) CRCW PRAM. Tanto lectura como escritura se pueden llevar a cabo de forma concurrente.

MODELO DE CIRCUITO BOOLEANO

Es un modelo descrito como un grafo directo y finito sin ciclo, donde una función f es llevada a cabo por una secuencia de circuitos cada uno con n entradas y m salidas y unas puertas lógicas AND, OR y NOT configuradas para procesar $f(x)$ para entradas de longitud n .

Síntesis de las principales formas de paralelismo

Por todo lo expuesto anteriormente, es posible determinar que las principales formas de explotación de los diversos niveles de paralelismo, se resumen en procesamiento vectorial y de matriz; superescalar y VLIW; y multiprocesamiento.

PROCESAMIENTO DE MATRIZ	Se trata de aquel procesamiento llevado a cabo por un procesador de matriz. Este consiste en un conjunto de elementos de procesamiento con su propia memoria, conectados por medio de una topología de red regular en modo SIMD. Los procesadores de matriz pueden ser empleados para trabajar en modo paralelo en un vector.
PROCESAMIENTO VECTORIAL	El procesamiento vectorial es aquel que implementa ordenadores vectoriales.
	Un **vector** es un conjunto ordenado de elementos de un mismo tipo.
	Por ello, un ordenador vectorial es aquel que puede operar sobre operandos vectoriales V además de escalares S . En este contexto, existen cuatro tipos de instrucciones que pueden operar sobre vectores:
	Tipo 1: $V \to V$ Donde tanto entrada

como salida son vectores.

Tipo 2: $V \to S$ Donde ingresa un vector y produce un resultado escalar.

Tipo 3: $V \times V \to V$ Donde dos vectores de entrada producen un vector de salida.

Tipo 4: $V \times S \to V$ Donde una entrada escalar y un vector, producen un vector de salida.

PROCESAMIENTO SUPERESCALAR

El procesamiento superescalar es aquel en el que se implementan máquinas diseñadas para mejorar el rendimiento de operaciones escalares, ejecutándolas en diferentes segmentos y haciendo uso de la mencionada ejecución fuera de orden. Por este motivo, uno de los principales desafíos del procesamiento superescalar, es el manejo apropiado de las dependencias, teniendo que ser capaces de reordenar las instrucciones sin alterar el programa, a fin de decidir cuáles pueden ser ejecutadas de forma independiente y en qué momento. Esto hace que la programación de las ejecuciones sea dinámica.

Los procesadores superescalares pueden emplear tanto arquitecturas RISC como CISC.

PROCESAMIENTO VLIW El procesamiento VLIW es aquel que implementa procesadores con múltiples unidades de ejecución, que permiten correr varias operaciones de forma simultánea.

Las instrucciones poseen paralelismo explícito, esto es, al ser largas cadenas de instrucción (generalmente, en el orden de los 100 a los 1000 bits), estas instruyen varias operaciones en una sola cadena. De allí, que las operaciones en paralelo a ser ejecutadas sean explícitas, por lo que a diferencia de lo que sucede en arquitecturas superescalares, la programación de las ejecuciones es estática.

MULTIPROCESAMIENTO El multiprocesamiento se refiere a la integración de técnicas de programación, arquitecturas y tecnología para proveer entornos propicios para el procesamiento en paralelo. Su objetivo es reducir el tiempo de ejecución de un programa dividiéndolo en subprocesos que se asignan a diferentes unidades de procesamiento y se ejecutan de forma concurrente.

Por otra parte, busca ofrecer un nivel de tolerancia a fallos que permita continuar con la ejecución de los programas cuando una de las unidades de procesamiento no pueda hacerlo.

INFORMÁTICA APLICADA

CAPÍTULO VI. TEORÍA DE REDES Y SISTEMAS OPERATIVOS

En el mundo actual, las redes informáticas son el principal sustento de la tecnología. Sin redes informáticas no existe Internet, no existen plataformas de banca electrónica, ni teléfonos móviles, ni comercio electrónico, ni ningún programa informático que requiera de una red para funcionar (esto abarca a la mayor parte de los programas informáticos de la actualidad). Gran parte de los fallos de seguridad y de funcionalidad de los programas informáticos, generalmente, tienen su base o bien en una implementación deficiente de los protocolos de red, o bien en un uso y administración inapropiados de los recursos disponibles. Las redes son la base de la tecnología actual, y no pueden comprenderse sin estudiar el funcionamiento de los sistemas operativos sobre los que se apoyan.

Introducción a los sistemas operativos

SISTEMA OPERATIVO   Un sistema operativo (SO) es un programa informático que sirve de interfaz entre el usuario y el hardware.

En la actualidad, es posible encontrar nueve tipos de sistemas operativos, los cuales se diferencian por el equipo al que van dirigidos. En orden de magnitud, pueden encontrarse sistemas operativos para los siguientes tipos de equipos computacionales:

- **Para centrales de cómputo (*mainframe*):** destinados a manejar procesos de ordenadores de gran tamaño y capacidad de almacenamiento. Ej: OS/390[30], Linux.

- **Para servidores:** destinados a distribuir recursos en redes de ordenadores. Ej: Linux, OpenBSD, FreeBSD, Windows[31] Server, Solaris[32], entre otros.

- **Para equipos multiproceso:** destinados a equipos con múltiples CPUs y/o múltiples núcleos. Ej: Linux, Windows[31].

- **Para ordenadores personales (PC):** destinados a proveer recursos a un único usuario. Ej: Linux, Windows[31], OpenBSD, FreeBSD, Mac OS X[33].

- **Para ordenadores de mano:** destinados a pequeños dispositivos como tabletas, PDAs, teléfonos móviles, etc. Ej: Android, iOS[33], Replicant, etc.

---

30 OS/390 es marca registrada de IBM. La licencia de este libro NO aplica a la mención de esta marca comercial.
31 Windows y Windows Server son marcas registradas de Microsoft. La licencia de este libro NO aplica a la mención de esta marca comercial.
32 Solaris es marca registrada de Sun Microsystems. La licencia de este libro NO aplica a la mención de esta marca comercial.
33 Mac, Mac OS y iOS son marcas registradas de Apple Inc. La licencia de este libro NO aplica a la mención de esta marca comercial.

- **Sistemas operativos embebidos:** destinados a ser alojados directamente en la ROM de equipos que no admiten instalación de programas (como DVDs de salón, reproductores MP3, Tvs, coches). Ej: eLinux (Embedded Linux), QNX.

- **Para _nodosensores_[34]:** destinados a manejar redes de nodos diminutos con sensores ambientales, interconectados por medio de conexiones inalámbricas. Ej: TinyOS.

- **Sistemas de tiempo real:** destinados a manejar procesos de equipos que requieren una respuesta en un tiempo determinado, como aviones, misiles, etc. Ej: eCos.

- **Para tarjetas inteligentes:** destinados a realizar generalmente una única operación (o muy pocas funciones). Son sistemas propietarios[35] que se encuentran en los actuales chips de las tarjetas de crédito, débito y de prepago.

Funciones principales de los sistemas operativos

En cuanto a funcionalidad, los sistemas operativos se ocupan de: gestionar procesos y memoria, controlar los dispositivos de entrada y salida, proveer funciones de manejo para un sistema de archivos, y ofrecer mecanismos de protección y seguridad para el acceso a los datos.

LLAMADAS DE SISTEMA   Las llamadas de sistema son funciones se utilizan para aislar el sistema operativo de las aplicaciones de usuario.

---

34 Dado que no se ha podido hallar una traducción al castellano estandarizada para este tipo de sistemas, se emplea el término no oficial "nodosensor" para referirse al término inglés original, Sensor-node.

35 Al tratarse de sistemas propietarios no se mencionan ejemplos puesto que no son sistemas públicamente conocidos.

La forma en la que llevan a cabo estas funciones es a través de *llamadas de sistema (system calls)* que varían de acuerdo a cada SO. Por ejemplo, en GNU/Linux, como Interfaz de Llamada al Sistema (*SCI – System Call Interface*) se emplea la biblioteca de funciones estándar de C, de GNU, `glibc`.

Entender en qué cosiste cada una de estas funciones, y el porqué son necesarias, permitirá, entre otras cosas, comprender el comportamiento de los programas en los diversos sistemas, erradicando así preconceptos sesgados que impedirán desarrollar un sistema en condiciones.

Un ejemplo de ello, son los llamados *virus informáticos*. Si se comprende, por ejemplo, que: (a) un virus informático es un programa informático que para replicarse debe acceder al espacio de memoria de otro programa; (b) el hardware facilita al sistema operativo los mecanismos necesarios para aislar la memoria asignada a cada programada; y, (c) que es función de los sistemas operativos asignar esos espacios de memoria a cada programa; entonces es posible comprender que un virus informático no se replica por un mecanismo complejo —ni mucho menos, mágico—, sino que se replica gracias a un *error de diseño* en la asignación y protección de los espacios de memoria, del sistema operativo.

A continuación, se hace un breve recorrido por cada una de las funciones del sistema operativo. Este recorrido será a modo introductorio, por lo que se sugiere profundizar en estos conceptos por cuenta propia.

Gestión de Procesos

PROCESO

Un *proceso* es un programa en ejecución.

Para entender la diferencia entre programa y

proceso, puede hacerse una analogía con la persona que compra un mueble para armar. En la caja, puede encontrar las instrucciones de cómo debe ser armado y los materiales con los cuáles hacerlo. La persona lee las instrucciones y las va ejecutando empleando los materiales hasta lograr un mueble listo para utilizar. En esta analogía, el papel con las instrucciones es el programa. Una entidad pasiva que solo se utiliza a modo de guía. Los materiales, son los datos de entrada. La persona, es el procesador. La acción de seguir las instrucciones para armar el mueble, es el proceso. Y el mueble listo para usar, los datos de salida.

Si dos personas armasen el mismo mueble, leyendo las mismas instrucciones, entonces habría dos procesos en ejecución de un mismo programa, llevados a cabo por dos procesadores. Si un vendaval golpeara las alas de la venta de la habitación donde se está armando el mueble, probablemente una de las personas decidiría que es más prioritario correr a cerrar la ventana, por lo que daría lugar de entrada a un nuevo proceso, dejando en pausa el anterior. Cuando la tarea prioritaria (cerrar la venta) hubiera acabado, retomaría la del armado del mueble. De esa forma, el procesador decide qué procesos y en qué momento, darles prioridad. Es decir, que administra los recursos para permitir la multitarea.

Desde el momento que el sistema operativo permite el almacenaje simultáneo de programas en la memoria, un mecanismo de no interferencia es requerido. Un mecanismo adecuado es la asignación de espacio de memoria donde cada proceso tiene el suyo propio.

ESPACIO DE MEMORIA Un *espacio de memoria* es un conjunto de direcciones de memoria en las cuáles un proceso puede leer y escribir sus propios datos, y almacenar el programa ejecutable.

La asignación de espacios de memoria es manejada y administrada por el sistema operativo. De esta forma, es el SO quien tiene a su cargo, impedir que un proceso interfiera en el espacio de memoria de otro proceso.

ESTADO DE UN PROCESO Se entiende por estado de un proceso, al estado en el que un proceso permanece tras haber sido creado. El estado de un proceso, puede ser uno de los siguientes:

- En *ejecución*, si es que el proceso está siendo ejecutado en el preciso instante de tiempo en el que se consulta su estado.

- *Listo*, si ha sido creado pero se encuentra a la espera de ser ejecutado.

- *Bloqueado*, si ha sido creado, ejecutado, y se encuentra a la espera de una entrada de datos.

Al conectar una unidad de almacenamiento USB externa, el proceso encargado de montar dicha unidad en el sistema es creado. Frecuentemente, si se la quiere desconectar, el sistema alerta al usuario de que no puede ser desconectada debido a que hay archivos en uso. Generalmente, esto se debe a que algún archivo quedó abierto (aunque ninguna persona humana lo esté ocupando en ese instante de tiempo), y el proceso que gestiona el montaje de unidades externas, ha quedo bloqueado a la espera de que se liberen esos archivos.

TABLA DE PROCESOS
En este modelo de procesos planteado hasta el momento, el sistema operativo mantiene un registro de todos los procesos abiertos en una tabla llamada *tabla de procesos*, donde cada línea de la tabla se corresponde con un proceso. Esta tabla le permite al SO conocer, entre otras cosas, el estado de un proceso, o la localización de su espacio de memoria.

DEMONIOS DE SISTEMA
Con frecuencia, es necesario crear procesos que se inicien simultáneamente con el sistema operativo, bien sea para interactuar en primer plano con una persona humana (como es el caso de las interfaces gráficas en sistemas UNIX/Linux), o bien, para trabajar en segundo

plano como gran parte de los servicios disponibles en el sistema. Los procesos que forman parte de este segundo grupo de opciones, se denominan *demonios* de sistema (*daemons*, en inglés).

MULTIPROGRAMACIÓN   Cuando varios procesos se ejecutan simultáneamente en una misma CPU, en realidad la CPU está alternando rápidamente entre un proceso y otro, a no ser que realmente cuente con más de una CPU. A esto se lo denomina *multiprogramación*.

MODELO PROBABILÍSTICO DE MULTIPROGRAMACIÓN   Si un proceso —en promedio— consume un n% de la capacidad de la CPU t, tiene sentido suponer que el procesador tiene capacidad de ejecutar t/n procesos. Sin embargo, esto no necesariamente es cierto, ya que un único proceso podría consumir $n \times 3$ mientras que otro, $n \div n$. Una mejor aproximación se logra mediante un simple cálculo de probabilidad.

Para dicho cálculo, se tiene que:

- Un proceso permanece una parte p de su tiempo, esperando en la memoria por una operación de E/S.

- Se parte del supuesto de que en la memoria existen n procesos esperando por una operación de E/S.

La probabilidad de que n procesos

independientes estén en la memoria en espera de una operación de E/S será de p^n. Por lo tanto, la utilización de la CPU estaría dada por $1 - p^n$.

HILOS

En el modelo de procesamiento más simple que se ha descrito hasta el momento, se supone que un programa ejecutará una única tarea en simultáneo, por lo que solo requerirá de un único proceso. O dicho de otro modo, un proceso permite la ejecución de una única tarea al programa. Pero es habitual que en un programa se requieran múltiples tareas ejecutándose simultáneamente. Crear nuevos procesos para dichas tareas no sería viable, pues al pertenecer a un mismo programa, se hace necesario compartir el mismo espacio de memoria. Para resolver esta necesidad se generan unos procesos más pequeños dentro del proceso principal. Estos procesos diminutos son llamados *hilos*. Los hilos son mucho más livianos que los procesos y su creación puede llevar hasta 100 veces menos, dependiendo del sistema operativo de base.

MULTIHILOS

Al crear hilos en paralelo, un mismo programa puede ejecutar varias tareas de forma casi simultánea, por lo que se reduce la cantidad de tiempo que el programa insume en completar las mismas. De esta forma, en sistemas con múltiples CPU donde la ejecución en paralelo es posible, la velocidad de ejecución de los programas se incrementa considerablemente. La capacidad de soportar múltiples hilos en un mismo proceso se conoce como *multithreading* (en inglés).

La ejecución de hilos múltiples no solo puede ser manejada por el sistema operativo, sino que también, puede ser soportada directamente por el hardware.

Gestión de Memoria

Dado que una única CPU puede ejecutar un único proceso a la vez pero que múltiples programas requieren de múltiples procesos, a cada proceso se le asigna su propio espacio en la memoria para que sean alojadas las instrucciones que serán ejecutadas, así como los datos necesarios, hasta tanto el proceso se lleve a cabo y deje de ser necesario. A fin de que cada proceso conserve su propio espacio sin interferir en el espacio de otro, el hardware provee mecanismos de protección que son controlados por el sistema operativo. Así, el sistema operativo puede gestionar los espacios de memoria mediante diversas técnicas.

VIRTUALIZACIÓN DE MEMORIA

Cada proceso tiene una cantidad limitada de direcciones de memoria que puede utilizar, y por lógica, el máximo siempre debería ser inferior que la cantidad total disponible. Sin embargo, en las actuales arquitecturas de 32 y 64 bits, existe un espacio total de 2^{32} y 2^{64} *bytes* respectivamente, por lo que si un proceso necesitase más espacio de memoria, no podría hacerlo en la memoria principal. Para resolver

EUGENIA BAHIT. FUNDAMENTOS DE CIENCIAS INFORMÁTICAS PARA EL ABORDAJE DE LA PROGRAMACIÓN

este inconveniente, el sistema operativo utiliza una técnica conocida como *virtualización de memoria*, en la que mantiene una parte de las direcciones asignadas en la memoria principal, y otra en el disco y las va lanzando y realojando, en la medida que sean necesarias.

Cada espacio de memoria se divide en fragmentos denominados **páginas** con un rango contiguo de direcciones de memoria asignadas, y cada página es mapeada a una dirección de la memoria física.

MODELOS DE GESTIÓN DE MEMORIA

Existen diferentes modelos de abstracción a los que un sistema operativo puede recurrir para gestionar la memoria.

El modelo más básico es la **no abstracción de la memoria** en el que cada programa puede ver la memoria física. En el abordaje de la programación, esto implica acceder directamente a direcciones físicas de la memoria, lo cual dificulta la programación en paralelo.

Para lograr gestionar la memoria de este modo, el sistema operativo debe alternar entre el disco físico y la memoria principal, moviendo el contenido de la memoria al disco para dar paso a que otro programa ocupe la memoria, y luego, del disco a la memoria para volver a ejecutar el programa original.

Otro de los modelos es el previamente mencionado: el de los **espacios de memoria**. Este modelo implica que el sistema operativo resuelva dos aspectos: la seguridad (o protección) y el traslado de datos (o realojamiento).

El primero, se refiere a lograr la independencia y abstracción de cada uno de los programas que habitan la memoria, con respecto a los otros.

El segundo aspecto, se refiere a la necesidad de almacenar en la memoria más procesos que capacidad real exista en la memoria.

Como se comentó anteriormente, una de las soluciones es la *virtualización de memoria*, donde una parte del espacio de memoria se mantiene en la memoria principal y otra parte, en el disco, y otra alternativa es el **intercambio** (o **swapping**, en inglés), que consiste en mover el proceso en su totalidad, de la memoria principal (mientras se ejecuta), al disco duro (cuando no se ejecuta).

PAGINACIÓN

La paginación es un esquema de manejo de memoria (o una técnica) que consiste en dividir la memoria física en bloques de longitud fija denominados *marcos* (*frames*), y el espacio de memoria virtual, en bloques —también de longitud fija— denominados *páginas*.

Cada proceso tendrá su propio espacio de memoria con sus propias páginas, y al ser ejecutado, sus páginas se cargarán en cualquiera de los marcos disponibles de la memoria física (ya que páginas y marcos tienen la misma longitud). De esta forma, se elimina el requerimiento de mantener rangos contiguos de direcciones de memoria.

La cantidad total de marcos (*frames*) f en la memoria física estará determinada por el cociente de la capacidad total de memoria m entre el tamaño de cada página p, tal que $f = \dfrac{m}{p}$. El tamaño del marco es predefinido por el hardware.

SEGMENTACIÓN

La segmentación es otra técnica de gestión de memoria que al igual que la paginación, evita el uso contiguo de direcciones físicas.

La segmentación de memoria es una técnica orientada al abordaje de la programación, puesto que organiza la memoria virtual en divisiones de dimensión variable, sin orden establecido, denominadas segmentos. Si bien cada segmento tiene un nombre que permite identificarlo, para mayor simplicidad, cada segmento se referencia por un número, y al igual que en la paginación, cada segmento tiene asignado un rango de direcciones de memoria.

CONDICIONES DE CARRERA

En la programación paralela, cuando dos procesos trabajan de forma simultánea compartiendo un mismo conjunto de datos e intentan escribir sobre este, el resultado depende de cuál de los dos procesos haya sido más rápido y haya logrado escribir primero. Esta situación se conoce como *condición de carrera*.

EXCLUSIÓN MUTUA

Para evitar las condiciones de carrera, se deben implementar mecanismos que eviten que dos o más procesos, lean y/o escriban simultáneamente sobre el mismo conjunto de datos. Esto se conoce como *exclusión mutua*.

REGIÓN CRÍTICA

Se denomina *región crítica* al sector de memoria compartido, que es accedido simultáneamente por dos o más procesos que comparten la información almacenada en dicha región.

Sistema de archivos

ARCHIVO

Un *archivo* es una colección de bytes interrelacionados, y almacenados en un soporte no volátil bajo un nombre simbólico que posibilita su tratamiento y manipulación.

SISTEMA DE ARCHIVOS

La forma en la que los archivos se almacenan en los dispositivos de almacenamiento (hardware), es definida y controlada por el sistema operativo, quien para lograrlo, ofrece un modelo abstracto e independiente del hardware. A esto se lo conoce como sistema de archivos (o *file system* en inglés).

En la práctica, cuando se prepara un disco para trabajar con un determinado sistema de archivos, se dice que se le da *formato* al disco para operar con un determinado sistema de archivos. Por ello, decir que se dará formato X a un disco, significa que se

EUGENIA BAHIT. FUNDAMENTOS DE CIENCIAS INFORMÁTICAS PARA EL ABORDAJE DE LA PROGRAMACIÓN

preparará al disco para trabajar con el sistema de ficheros X.

Algunos de los sistemas de archivos más conocidos[36] se describen en la tabla 32.

Tabla 32: *Diferentes sistemas de archivos*

SISTEMA DE ARCHIVOS	DESCRIPCIÓN
EXT	Siglas de *Extended File System*. Se trata de un sistema de archivos diseñado para ser usado por el kernel Linux. La versión 4 de EXT soporta archivos de hasta 16TB. Los sistemas operativos que no utilizan Linux como kernel, presentan dificultades para reconocer archivos EXT2/3/4, y generalmente, no leen estos archivos de forma nativa, aunque sí pueden disponer de compatibilidad mediante bibliotecas externas.
VFS	Siglas de Virtual Files System. Se trata de un sistema de archivos virtual, que actúa como intermediario para operar en un mismo sistema operativo, con múltiples sistemas de archivos.
XFS	Siglas de —posiblemente— *"X" File System*. Es un sistema de archivos para sistemas Linux.
UFS	Siglas de *Unix File System*. Sistema de archivos estándar para sistemas operativos UNIX (incluidos algunos sistemas BSD).
NFS	Siglas de *Network File System*. Se trata de un protocolo para un sistema de archivos distribuido para el manejo local de archivos almacenados en servidores remotos. Descrito en las RFC 3530.

Las características de un sistema de archivos se describen a continuación.

---

36   Otros sistemas de archivos no mencionados en la tabla son FAT (Fast Allocation Table) y NTFS (New Technology File System) desarrollados por Microsoft, y HFS (Hierarchical File System) desarrollado por Apple, en todos los casos, desarrollados para sus propios sistemas operativos, entre otros.

NOMBRADO   El nombrado de los archivos implica a aquellas características y requisitos que el sistema de archivo impone para dar un nombre simbólico a los archivos dentro de un sistema determinado.

Por ejemplo, algunos sistemas son sensibles al uso de mayúsculas y minúsculas (ya que reconocen caracteres en su forma simbólica y no semántica); otros sistemas requieren que el nombre del archivo finalice con un sufijo antecedido por un punto, al que se denomina *extensión del archivo*.

ESTRUCTURA   La estructura del sistema de archivos define el método que el sistema operativo implementa para organizar su sistema de archivos.

Los tipos de estructuras más comunes son:

- *Secuencia de bytes desestructurada* (empleado por sistemas UNIX/Linux, y Windows[37] [38]).

- *Secuencia de registros* de longitud fija.

- *Árbol de registros* de longitud dinámica o variable.

TIPOS   El tipo[39] de archivo se refiere a las categorías en la que los diferentes archivos pueden ser clasificados por el sistema operativo.

La mayoría de sistemas operativos soporta diferentes

---

37 Windows es marca registrada de Microsoft Corporation. La licencia de este libro no es aplicable a la mención de la marca.
38 Al mencionar tecnologías cuyo diseño y desarrollo no sean de público acceso, la afirmación se hace sobre la base de lo afirmado por el fabricante, y no por constatación o convicción.
39 No debe confundirse con el tipo MIME (o formato MIME).

tipos de archivos. Las categorías más comunes son:

- *Archivos regulares*, donde entran los archivos de texto plano y los binarios, sean o no ejecutables.

- Los *directorios*, que permiten mantener la estructura de los archivos.

- Los *archivos de caracteres*, generalmente empleados para conectar dispositivos de E/S como impresoras o terminales.

- Los *archivos de bloque*, empleados para conectar dispositivos de almacenamiento.

ACCESO

La forma en la que el sistema operativo lee los bytes contenidos dentro de un archivo, queda definida por el método de acceso que el sistema operativo implemente.

Es posible encontrar dos método de acceso a un archivo:

ACCESO SECUENCIAL

- El *acceso secuencial*, donde un archivo se lee de comienzo a fin, ordenadamente, y sin saltos.

Este acceso como único acceso, era provisto en los sistemas operativos más antiguos.

ACCESO ALEATORIO

- El *acceso aleatorio*, donde el archivo puede ser leído desde cualquier posición, a partir de la cual puede llevar a cabo una lectura secuencial.

Durante el acceso aleatorio, el sistema lleva a cabo operaciones de búsqueda (denominadas **seek**) para hallar un punto específico en el cual comenzar la lectura (operación **read**) secuencial.

ATRIBUTOS

Los atributos de un archivo son todos aquellos datos que los sistemas operativos almacenan respecto del archivo. En algunos ámbitos, estos datos también se conocen como *metadatos*, y difieren conforme el sistema operativo en el que se encuentran.

Algunos de los atributos de un archivo son:

- la fecha y hora en la que el archivo ha sido creado;

- la fecha y hora en la que el archivo ha sido accedido y/o modificado por última vez;

- el tamaño del archivo;

- el propietario del archivo; o

- la visibilidad del archivo, entre otros posibles atributos.

OPERACIONES

Cada sistema operativo define diferentes operaciones que pueden realizarse sobre los archivos.

En el abordaje de la programación, el manejo de archivos es una de las necesidades más frecuentes. Por ello, conocer las operaciones básicas que un sistema operativo puede realizar sobre un archivo, simplificará el proceso de diseño de algoritmos en lo que respecta al almacenamiento y recupero de datos.

La tabla 33 describe las operaciones principales que un sistema operativo puede llevar a cabo sobre los archivos.

Tabla 33: Operaciones habituales que el SO realiza sobre los archivos

Operación		Descripción
CREAR	CREATE	Se crea un archivo solo con sus atributos
ABRIR	OPEN	Se carga el archivo en la memoria para ser utilizado
LEER	READ	Se recuperan los bytes del archivo desde una posición determinada
ESCRIBIR	WRITE	Se escribe en el archivo desde una posición determinada (usualmente, esto incrementa el tamaño del archivo).
CERRAR	CLOSE	Se cierra el archivo liberando la memoria
ELIMINAR	DELETE	Se elimina el archivo liberando espacio en disco
AGREGAR	APPEND	Se escribe desde el final del archivo, incrementando —necesariamente— el tamaño del archivo
BUSCAR	SEEK	Se mueve el puntero de lectura del archivo hacia la posición desea para hace posible un acceso aleatorio

Otras funciones de los sistemas operativos

MANEJO DE LA E/S (ENTRADA Y SALIDA)

Todos los sistemas operativos poseen un subsistema de manejo para los dispositivos de entrada y salida. En algunos casos el programa de manejo será independiente del hardware y otros, como es el caso de los controladores, será específico para cada pieza de hardware.

SISTEMA DE PROTECCIÓN

Desde el momento en el que los ordenadores manejan archivos con información privada y/o confidencial de los usuarios, el sistema operativo debe proveer de mecanismos que controlen el acceso a dichos archivos. La protección puede estar orientada a todo el sistema (por ejemplo, cuando se protege el acceso al sistema mediante autenticación) y/o complementada por una protección adicional de permisos sobre los archivos. En la imagen 34 se muestra el sistema de permisos basado en un código de protección de 9 bits implementado en UNIX.

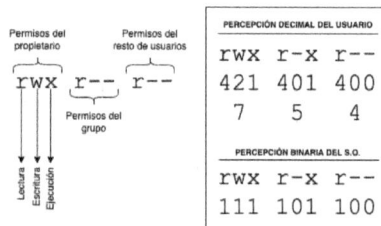

Permisos del propietario   Permisos del resto de usuarios

```
rwx r-- r--
      Permisos del
      grupo
```

Lectura Escritura Ejecución

PERCEPCIÓN DECIMAL DEL USUARIO

```
rwx r-x r--
421 401 400
 7   5   4
```

PERCEPCIÓN BINARIA DEL S.O.

```
rwx r-x r--
111 101 100
```

Imagen 34: Sistema de permisos implementado en sistemas Linux, UNIX y BSD

Secuencia de arranque del sistema operativo

> *S e denomina secuencia de arranque a la sucesión de instrucciones que se ejecuta tras el encendido del ordenador.*

BIOS

El **BIOS** (o *Servicio Básico de Entrada y Salida*) es el programa que contiene la secuencia de arranque. Sirve no solo para gestionar el arranque del ordenador y del sistema operativo, sino además, para permitir manipular el Hardware.

UEFI

La **UEFI** (o *Interfaz de Firmware Extensible*), en cambio, es una alternativa posterior al BIOS, pero no necesariamente un reemplazo. Se trata de una interfaz de acceso a un BIOS actualizado. Debido a su arquitectura y funcionalidad, podría considerarse a la UEFI, un sistema operativo pequeño.

ETAPAS DE LA SECUENCIA DE ARRANQUE

El BIOS, junto a la secuencia de arranque, se encuentra almacenado en la ROM.

La secuencia de arranque tal y como se produce a partir del BIOS, se divide en dos etapas:

I. *Etapa I: e*s una etapa de carga, análisis y diagnóstico, que cuando se concluye de forma correcta, instancia a la segunda etapa quien será la encargada de cargar el sistema operativo.

II. *Etapa II:* es la encargada de cargar un *cargador de arranque* que carga y arranca el sistema operativo.

PRIMERA ETAPA

1. **El BIOS ejecuta un código POST.**

   En la primera etapa del arranque, cuando el ordenador se enciende, se carga el BIOS. La secuencia de arranque escrita en el BIOS, lo instruye para ejecutar una *prueba de diagnóstico* denominada POST (*Power-on self test*). Cuando la prueba de diagnóstico falla, el BIOS emite un pitido que alerta con un sonido audible, que el diagnóstico ha fallado.

2. **El POST localiza al dispositivo de arranque.**

   El POST, luego de verificar la memoria del sistema, verifica sus dispositivos y localiza al que esté marcado como *dispositivo de arranque.*

3. **El dispositivo de arranque ejecuta el cargador de arranque del MBR.**

   El dispositivo marcado como dispositivo de arranque, contiene un registro primario de arranque denominado **MBR** (*Master Boot Record*). El primer sector del MBR, contiene un cargador de arranque que consiste en un código ejecutable (para el arranque del sistema operativo), cuyo tamaño no supera los 512 bytes. Este código es el que se ejecuta en esta primera etapa, conocida en inglés como *Bootloader – Stage 1* (*cargador de arranque – etapa 1*).

4. **El MBR ejecuta al PBR (concluye la primera etapa de arranque).**

El MBR contiene además del sector de arranque, una *tabla de particiones*.

Una *partición* es una sección del disco, de tamaño fijo, que el sistema operativo trata como si fuese un disco independiente. La tabla de particiones, es la que contiene la información sobre la localización de cada una de las particiones del disco.

Entre la información contenida en esta tabla de particiones, existe un registro que indica cuál es la partición primaria activa.

En el primer sector de la partición primaria activa se encuentra el **PBR** (*Partition Boot Record*), el cual contiene la información necesaria para cargar el sistema operativo.

SEGUNDA ETAPA
5. **Se carga el cargador de arranque y se ejecuta el sistema operativo.**

El registro de la partición de arranque que contiene el PBR, le permite a este, cargar un conjunto de bloques desde la partición primaria activa, y ejecutar un *cargador de arranque* en la segunda etapa del arranque, encargado de iniciar el sistema operativo.

Un disco duro, puede tener un máximo de cuatro particiones primarias, de las cuáles, una de ellas debe estar marcada como partición primaria activa en la tabla de particiones del MBR. Por lo tanto no habrá arranque posible del sistema operativo, si no existen particiones primarias, o si existen pero ninguna de ellas ha sido establecida como partición primaria activa.

El MBR no puede arrancar desde una unidad lógica. Por otra parte, si bien es cierto que en un disco duro pueden convivir cuatro unidades primarias, también es cierto que en la tabla de particiones del MBR solo puede haber una unidad primaria establecida como *partición activa*.

Para que un equipo arranque desde un sistema operativo, este requiere estar instalado en una partición primaria establecida como partición activa, dado que es el MBR quién arrancará el sistema obteniendo la información a partir del PBR. Si un equipo posee entonces, más de un sistema operativo instalado sobre una misma partición primaria, sería necesario alternar de forma dinámica la partición marcada como partición primaria activa.

CARGADOR DE ARRANQUE DEL SISTEMA Una solución alternativa al cambio dinámico de la partición activa, es implementar un *cargador de arranque del sistema*. Se trata de un programa dentro de la partición del sistema operativo, el cual es invocado por el registro de arranque principal. En sistemas operativos basados en Linux, el cargador de arranque utilizado en la actualidad, es **GNU GRUB** (también conocido como **GRUB2**).

El cargador de arranque, se ubica en una partición primaria activa que es la ejecutada por el MBR. Esto significa que otros sistemas operativos no necesitarán estar en particiones activas, e incluso podrán estar en particiones lógicas, puesto que serán arrancados «manualmente» por el cargador de arranque, y no, por el MBR.

CARGA EN CADENA

Para esto, el sistema operativo debe proveer dicho soporte[40]. Tal como se indica en la página oficial de GNU GRUB, tanto Linux como FreeBSD, NetBSD y OpenBSD, poseen dicho soporte, y cuando esto no sea así, el cargador de arranque, deberá invocar al cargador de arranque del sistema operativo secundario, en vez de cargar al propio sistema. Esta operación se conoce como *carga en cadena* (*chain loading*).

Introducción a las redes informáticas

RED INFORMÁTICA

Una *red de computadoras* —o *red* a secas—, es una colección de ordenadores autónomos interconectados. *Autónomo*, significa que cada

---

40   GNU GRUB Manual 2.02, «5.1.2 Chain-loading an OS» [online]. Free Software Foundation: 1999-2013. Disponible en
https://www.gnu.org/software/grub/manual/grub/html_node/Chain_002dloading.html

ordenador es independiente de otro y no se necesitan mutuamente para funcionar. La *interconexión* implica que los ordenadores de una misma red, tienen la capacidad de transmitirse información recíprocamente.

La magnitud (o tamaño) de una red (desde redes más pequeñas hasta redes sustancialmente enormes), define el *tipo de red* del cual se trata. La forma en la que los ordenadores de una red se encuentran interconectados se denomina *topología de red*; aquello que utilizan para estar interconectados se denomina *medio* (en algunos ordenadores el medio será un cableado estructural, en otros por fibra óptica, en otros por ondas satelitales, etc.); y el conjunto de reglas empleadas para comunicarse, se denomina *protocolo*.

RED INFORMÁTICA VS SISTEMA DISTRIBUIDO.

Es necesario hacer la distinción entre una red de ordenadores y un sistema distribuido. La principal característica es que en las redes de ordenadores, quienes las utilizan, eligen explícitamente qué trabajos ejecutar y en qué ordenador hacerlo, mientras que en los sistemas distribuidos, la autonomía de los ordenadores es invisible a quien utiliza el sistema. Por lo tanto, al enviar una orden de trabajo, es el propio sistema quien decide qué ordenador ejecutará dicha orden.

Otra forma de distinguir un sistema distribuido de una red informática, es pensar en si uno de los ordenadores (y no quien lo utiliza) tiene la capacidad de forzar el encendido o apagado de otro ordenador, o de controlarlo. De ser así, se trata de un sistema distribuido y no de una red informática.

Taxonomías de red

Si bien no existe una taxonomía de red universalmente aceptada, se acostumbra clasificar las redes de ordenadores por su tamaño, pudiendo encontrar las siguientes:

RED DE ÁREA LOCAL (LAN)

Son redes privadas que operan, generalmente, dentro de un mismo predio.

RED DE ÁREA METROPOLITANA (MAN)

Se trata de una versión ampliada de las redes LAN, cuyo tamaño permite operar dentro de una ciudad.

RED DE ÁREA AMPLIA (WAN)

Las redes WAN alcanzan una extensión geográfica significativamente más grande que las redes MAN, pudiendo operar dentro de territorios tales como países y continentes.

Está compuesta de subredes LAN, cada una de ellas integrada por ordenadores autónomos cuyo propósito es permitir la ejecución de programas de usuario. A cada uno de estos ordenadores se los suele denominar **host** (anfitrión).

Cada *subred* se compone tanto de **líneas de transmisión** (comúnmente[41] denominadas *canales de transmisión*, ramas o circuitos) encargadas de mover los bits de un anfitrión a otro, como de **enrutadores** (comúnmente denominados de forma singular como *enrutador*, *rúter*, o **router**[42]), que son equipos dedicados a

---

41 En este apartado, *comúnmente* se refiere al uso habitual y no a un estándar universal.
42 En lo sucesivo, cada vez que se mencione la palabra «*router*» deberá leerse en español como bien se define en el diccionario de la Real Academia Española. Alternativamente, puede emplearse el término «*rúter*» (también aceptado por la RAE) o «*enrutador*»).

conectar dos o más canales de transmisión, y tienen por objetivo llevar mensajes de un *anfitrión* a otro.

RED INALÁMBRICA   Se trata de redes LAN o WAN que prescinden del empleo de cables para la transmisión de datos, y que por lo tanto, emplean ondas de radio para ello.

En este contexto, **Internet** es una red global cuyo alcance geográfico se extiende a lo largo y ancho de todo el mundo.

Adicionalmente, las redes informáticas pueden clasificarse por la tecnología de transmisión empleada:

1. **Redes de transmisión (*broadcast*)** que emplean un único canal de datos compartido entre todos los ordenadores de la red.

2. **Redes punto a punto (*point-to-point*)**, donde las conexiones se realizan de ordenador a ordenador, proveyendo así, un canal de comunicación único para cada par de computadoras.

Topologías de red

TOPOLOGÍA   Una *topología de red* es aquella que define el patrón con
DE RED   el que varios ordenadores se encuentran interconectados.

Entre las topologías de red habituales es posible encontrar las siguientes:

BUS LINEAR   Consiste en un cable principal al cual cada uno de los nodos (ordenadores conectados a una red) se conectan.

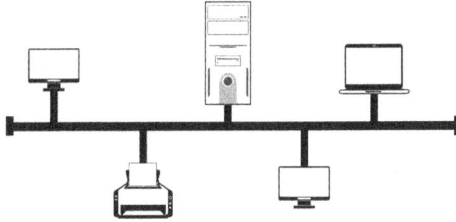

Imagen 35: *Topología de red "bus linear"*

ESTRELLA

En esta topología, todos los nodos están conectados a un dispositivo central. Los datos llegan al dispositivo central y de allí viajan al nodo de destino.

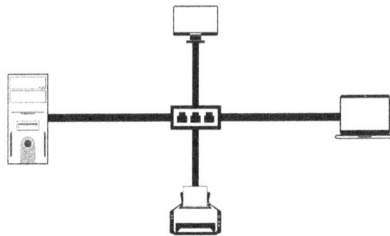

Imagen 36: *Topología de red "estrella"*

ÁRBOL

Estas topologías combinan la topología de estrella y de bus linear, donde las subredes configuradas como estrella se encuentran conectadas a un cable troncal, mediante una configuración de bus lineal.

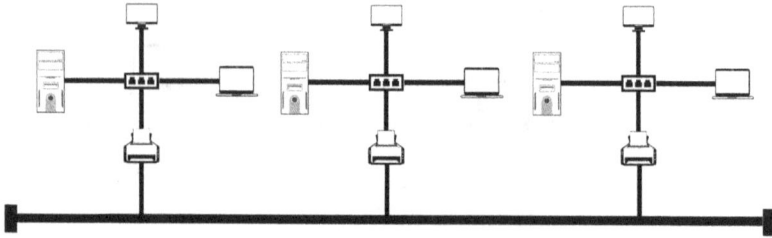

Imagen 37: *Topología de red "Árbol"*

ANILLO   En la topología de anillo cada dispositivo está conectado a otro dispositivo, formando entre todos, un círculo cerrado.

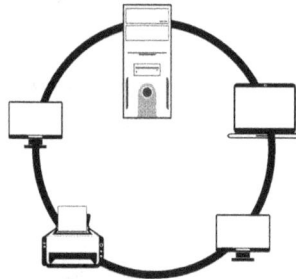

Imagen 38: *Topología de red "Anillo"*

Existen múltiples combinaciones y variaciones que pueden darse en una red, donde incluso topologías irregulares o de diferentes configuraciones pueden ser combinadas. Un ejemplo de ello es la topología de red *completa* que puede verse en la imagen 39,

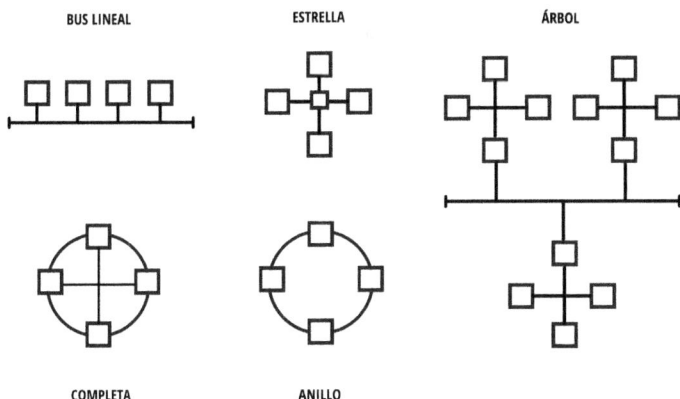

Imagen 39: *Topologías de red*

Protocolos de comunicaciones

Antes de avanzar, se debe tener en cuenta que las bases matemáticas para la transmisión de datos, se encuentran definidas en la **Teoría de la Información** de Claude Shannon. Para leer más sobre esta teoría, se recomienda la lectura de la primera parte del capítulo VII (páginas 282 a 289), y para un abordaje en profundidad, recurrir al libro original *«The mathematical theory of communication»* de C. Shannon y W. Weaver.

PROTOCOLO
Desde que el objetivo de las redes informáticas es transmitir información, se hace necesario establecer unas reglas y convenciones que regulen esa comunicación. A este conjunto de reglas y

convenciones se lo denomina *protocolo*.

CAPA

A fin de simplificar la complejidad de la arquitectura de una red, el proceso de transmisión de datos se ha dividido en niveles que van de 1 a n siendo 1 el nivel paralelo al hardware, y n el más alejado. A estos niveles se los conoce como *capas*.

NEGOCIACIÓN

Las comunicaciones inician en la capa n (es decir, la capa más alejada del hardware), y las capas intermedias (las capas i) se encargan de mantener una comunicación basada en solicitudes y respuestas, hasta que —de corresponder—, la capa 1 ordena al hardware que transmita los datos, siempre que la solicitud de transmisión haya sido aceptada. A este pinpón de solicitudes y respuestas se lo conoce como *negociación*.

MODELO DE TRANSMISIÓN

La cantidad de capas depende del *modelo de transmisión de datos* empleado, siendo OSI y TCP/IP los modelos habituales.

INTERFAZ

Cada capa i se comunicará con las capas adyacentes por medio de una *interfaz* que define las operaciones y servicios que la capa inferior ofrece a la capa superior.

PROTOCOLO DE CAPA N

Las reglas y convenciones de cada una de las capas, se conoce como *protocolo de capa n*. En este contexto, «*capa n*» hace referencia al número de cada una de las capas.

PILA DE PROTOCOLO

ARQUITECTURA

El conjunto de protocolos de capa n se denomina *pila de protocolo*, y a la pila de protocolo

DE RED	más la organización en capas, se la conoce como *arquitectura de red*.
CANALES LÓGICOS	Un protocolo, además, debe definir la cantidad de *canales lógicos* de la conexión así como sus propiedades. Los canales lógicos determinan la dirección en la que los datos pueden ser transmitidos, tal como se especifica en la tabla 34.

Tabla 34: *Tipos de canales lógicos definidos por un protocolo de transmisión de datos*

DENOMINACIÓN	DIRECCIÓN DE LOS DATOS	TRANSMISIÓN SIMULTÁNEA
Comunicación *simplex*	Única	-
Comunicación *half-duplex*	Ambas	No
Comunicación *full-duplex*		Sí

Los modelos OSI y TCP/IP

EL MODELO OSI	ISO OSI, siglas (en inglés) de *International Standars Organization Open Systems Interconnection* (abreviado OSI), es un modelo (desarrollado por la ISO) con la intención de definir una arquitectura estándar para los protocolos empleados en varias capas.
	Su estructura define siete capas cuyo resumen puede verse en la tabla 35.

Tabla 35: *Capas del modelo ISO OSI*

N.º	CAPA	PROTOCOLO	UNIDAD DE DATOS INTERCAMBIADA
7	...de aplicación	...de Aplicación	APDU
6	...de presentación	...de Presentación	PPDU
5	...de sesión	...de Sesión	SPDU
4	...de transporte	...de Transporte	TPDU
3	...de red	...del host/router de la capa de red	Paquete
2	...de enlace de datos	...del host/router de la capa de enlace de datos	Marco (*frame*)
1	...física	...del host/router de la capa física	Bit

Las siglas APDU, PPDU, SPDU y TPDU corresponden a *Application Protocol, Presentation Protocol, Session Protocol,* y *Transport Protocol Data Unit,* respectivamente (en español, Unidad de Datos del Protocolo de Aplicación, de Presentación, de Sesión y de Transporte, respectivamente).

Entre las capas 3 y 4 se encuentra el *límite de comunicación de la subred.* Tras este límite, los protocolos que se emplean son los protocolos internos de la subred (*host / router*). En el modelo OSI, el rol de cada capa se explica en la tabla 36.

Tabla 36: *Rol de las diferentes capas en el modelo ISO OSI*

CAPA	ROL EN EL MODELO OSI
CAPA DE APLICACIÓN	Ofrecer al usuario soporte para los diversos protocolos empleados para tareas comunes de transferencia de datos.
CAPA DE PRESENTACIÓN	Ofrecer estructuras de datos abstractas que permitan convertir las estructuras de datos propias de un dispositivo en

CAPA	ROL EN EL MODELO OSI
	las estructuras estándar.
CAPA DE SESIÓN	Ofrecer mecanismos que permitan identificar qué solicitudes corresponden a un mismo usuario.
CAPA DE TRANSPORTE	Ofrecer mecanismos que permitan transportar la información asegurando que los datos enviados y recibidos se corresponden.
CAPA DE ENLACE A DATOS	Tomar los servicios de transmisión «en crudo», transformarlos y enviarlos a la capa física, listos para ser transportados y libres de errores de transmisión.
CAPA FÍSICA	Transmitir los bits en crudo a través de un canal de comunicación.

EL MODELO TCP/IP
El modelo **TCP/IP**, originalmente empleado en la red ARPANET[43] (la antecesora de Internet), es el actual modelo utilizado en Internet. Se trata de un modelo de cuatro capas como se muestra en la imagen 40.

Las capas del modelo TCP/IP así como sus protocolos, se definen en la tabla 37 de forma similar a la tabla presentada para el modelo OSI.

Finalmente, en la tabla 38 se definen los roles de cada una de las capas del modelo TCP/IP como también se ha hecho con las modelo OSI.

---

43 A fin de contextualizar esta información, puede ser necesario saber que ARPANET se desarrolló en los años '60s como consecuencia de un trabajo de investigación sobre redes de comunicación del Departamento de Defensa de los Estados Unidos de América, en el contexto de la llamada *Guerra Fría*. ARPANET permitía mantener conectadas a Universidades e instalaciones de gobierno mediante línea telefónica estándar. El modelo TCP/IP surge en este contexto, debido a que más tarde aparecieron las conexiones de radio y satelitales que presentaban conflictos de compatibilidad con el modelo empleado por ARPANET. Así, el modelo TCP/IP sirvió para permitir la conexión entre múltiples, redes independientemente del medio que cada red utilizara para la transmisión de los datos.

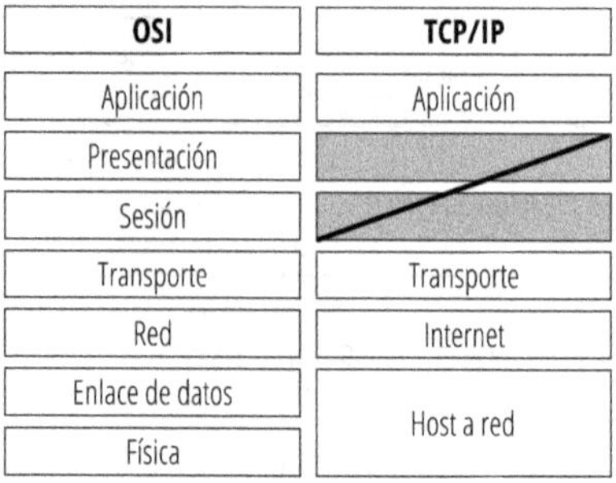

OSI	TCP/IP
Aplicación	Aplicación
Presentación	
Sesión	
Transporte	Transporte
Red	Internet
Enlace de datos	Host a red
Física	

Imagen 40: *Diferencias entre el modelo OSI y el modelo TCP/IP*

Tabla 37: *Capas del modelo TCP/IP*

N.º	CAPA	PROTOCOLO
4	Capa de aplicación	Telnet, SMTP, FTP, DNS, HTTP, entre otros.
3	Capa de transporte	TCP, UDP
2	Capa de internet	IP
1	Capa de host a red	---

Tabla 38: *Rol de las capas del modelo TCP/IP*

CAPA	ROL EN EL MODELO OSI
CAPA DE APLICACIÓN	Al igual que en el modelo OSI, su función es ofrecer al usuario soporte para los diversos protocolos empleados en tareas comunes de transferencia de datos.
CAPA DE TRANSPORTE	En el modelo TCP/IP, esta capa define dos protocolos: TCP (*Transmission Control Protocol*) y UDP (*User Datagram Protocol*)[44].

CAPA	ROL EN EL MODELO OSI
	La finalidad de esta capa al facilitar estos dos protocolos de transmisión de datos, es ofrecer alternativas para satisfacer diferentes objetivos según la necesidad del programa: 1. La entrega fiable de los datos inalterados, libres de errores (protocolo TCP), quedando en segundo plano la velocidad de entrega. Es el caso, por ejemplo, de la entrega de un correo electrónico o la transferencia de un archivo. 2. La entrega rápida de los datos (protocolo UDP), quedando la fiabilidad de los mismos en segundo plano. Es el caso, por ejemplo, de la transmisión de vídeo en directo.
CAPA DE INTERNET	Esta capa es el eje central de todo el modelo TCP/IP; es lo que sostiene la arquitectura de este modelo. Es la capa que permite la transmisión de datos hacia cualquier red, independientemente de qué configuración tenga dicha red o de qué medio de transmisión utilice. Para ello propone un protocolo propio llamado IP (*Internet Protocol*)[45] el cual define el concepto de *datagrama* como forma de empaquetar los datos a ser transmitidos.
CAPA DE HOST A RED	De forma similar a la capa de enlace de datos del modelo OSI, el rol de esta capa es definir la forma en la que los bits son codificados, y establecer la transmisión de los bits en crudo al igual que la capa física del modelo OSI. A diferencia de la capa física del modelo OSI, en este caso, debe aceptar paquetes IP desde la capa de transporte.

A continuación, se hará un recorrido por los principales protocolos mencionados anteriormente. Debe comprenderse que en el abordaje de la programación actual, el conocimiento de las redes informáticas, y sobre todo, de sus protocolos, resulta imprescindible, pues los sistemas informáticos actuales, en su gran mayoría, dependen de una red para operar.

---

44 Estos protocolos se explican en las páginas 254 a 257.
45 Este protocolo se explica en las páginas 246 a 254.

El protocolo IP

IP, siglas de *Internet Protocol* —**Protocolo de Internet**, en español— ha sido definido en las RFC 791[46] del año 1981. Este protocolo implementa la transferencia de información a través de bloques de datos denominados *datagramas*. Estos datagramas son enviados desde un host a otro (es decir, desde una máquina conectada a una red hacia otra máquina conectada en la misma o en diferente red). Para ello, cada host se identifica por una dirección única denominada *dirección del protocolo de internet*, o de forma abreviada, *dirección IP* (a veces llamada *IP* a secas).

DATAGRAMAS

En el contexto del protocolo TCP/IP, un datagrama es un paquete de datos formado por una cabecera de tamaño fijo de 20 bytes (más una parte opcional de tamaño variable), y un cuerpo, de tamaño variable.

DIRECCIONES IP

Originalmente, una dirección IP se ha compuesto de una secuencia de 32 bits organizados en 4 grupos de 8 bits cada uno (octetos). Estos octetos son traducidos al sistema decimal y separados por un punto, para hacerlos más legibles. Así, la dirección de IP:

```
11000000 10101000 00000000 00000001
```

se presenta en base decimal como:

```
192.168.0.1
```

Cada uno de los octetos se traduce a base decimal en el rango que va entre1 y 255, y en conjunto, son los que permiten identificar no solo al host sino también, a la red a la cual pertenecen. Esto es debido a que cada dirección IP reserva los primeros octetos a la dirección real de la red, y solo los últimos al host.

---

46   https://www.rfc-es.org/rfc/rfc0791-es.txt

La cantidad de octetos reservados a la red dependerán de la clase de red.

CLASES

Existen cinco *clases de red* (A, B, C, D, y E) y cada una de ellas define el rango de direcciones IP así como la máscara de red.

MÁSCARA DE RED

La *máscara de red* es lo que define el formato de la dirección IP, es decir, dónde terminan los bits de la dirección de red, y dónde comienzan los del host.

Cada clase tiene una máscara de red por defecto, y sus características se resumen en la tabla 39.

Tabla 39: *Características de las clases de red según las RFC 1918*

CLASE	A	B	C
ESQUEMA DE ENRUTAMIENTO	Difusión única *(unicast)* La transmisión se realiza desde un emisor hacia un único receptor.		
RANGO DEL PRIMER OCTETO	$1 - 126^{(1)}$	$128 - 191$	$192 - 223$
MÁSCARA DE RED POR DEFECTO	255.0.0.0/8	255.255.0.0/16	255.255.255.0/24
REDES DISPONIBLES[2]	$2^7 - 2 = 126$	$2^{14} = 16384$	$2^{21} => 2\,M$
HOST DISPONIBLES[3]	$2^{24} - 2 => 16\,M$	$2^{16} - 2 = 65536$	$2^8 - 2 = 254$
RESERVA PARA REDES PRIVADAS[4]	10.0.0.0 10.255.255.255	172.16.0.0 172.31.255.255	192.168.0.0 192.168.255.255

(1) 127 se reserva para pruebas locales mediante una interfaz de red virtual denominada *loopback* (y abreviada *lo*).

(2) En la clase A, se restan 2 redes: el 0 porque no es asignable, y el 127 porque se reserva para las pruebas locales como se indica en (1).

(3) Se resta el primer host, ya que el 0 se reserva a la dirección de la propia red, y el último host, ya que el 255 se reserva como *dirección de difusión* (*broadcast*). Las direcciones de difusión son las direcciones IP empleadas dentro de una red para enviar localmente, datos a todos los hosts dentro de dicha red. Estos datos enviados internamente a través de direcciones de difusión, se

denominan *mensajes de difusión*. A veces se los suele denominar en inglés y español como *direcciones de broadcast* y *mensajes de broadcats*.

(4) Una red privada es aquella que no puede ser accedida desde fuera de la propia red. Por ello, la dirección IP de una red privada de clase C puede ser exactamente la misma que la de otra red privada de la misma clase. Es decir, que dos host de dos redes privadas diferentes de clase C, podrían, por ejemplo, tener asignada la dirección IP **192.168.0.10** sin que ello significara un problema.

CIDR

En las máscaras de red, cada aparición del número **255** indica que el octeto se encuentra reservado a la dirección de red. El número detrás de la barra, indica qué cantidad de bits desde el inicio se encuentran reservados a la dirección de red. Es decir, que ambas cosas indican lo mismo, por lo que es igual decir que la máscara de red es **255.255.0.0** que decir **/16**. Esta técnica de emplear el número de bits reservados a la dirección de red (en lugar de mencionar cada uno de los octetos) se conoce como notación **CIDR**, siglas de *Classless Inter-Domain Routing*.

Siguiendo el ejemplo de la tabla 39, la primera máscara de red que aparece (para la clase A) es **255.0.0.0/8**. Aquí se indica que el primer octeto (número **255**) es el reservado para la red. Lo mismo indica el CIDR **/8** (que significa *"los ocho primeros bits"*). Por descarte, los últimos 3 octetos $(32-8/8)$ se reservan a las direcciones IP de cada host. Siguiendo el mismo patrón, la máscara de red **255.255.255.0/24** indica que los 3 primeros octetos se reservan a la dirección de red y solo el último, al host.

A continuación se presenta un caso práctico hipotético, de aplicación de los conocimientos descritos.

En el abordaje de la programación, el conocimiento y la compresión —al menos básicos— sobre el funcionamiento y funcionalidad de las direcciones IP y de las máscaras de red en el contexto de una red informática, se hacen necesarios sobre todo en tiempo de diseño. No son aislados los casos en los que dentro de una organización, se requiere diseñar un programa informático o una suite de programas o herramientas que deban intercambiar información dentro de las subredes de una red privada (*intranet*).

OBTENER REDES Y HOST A PARTIR DE UNA MÁSCARA DE RED

Se parte del supuesto de que se está trabajando en una red de clase C, y que el único dato provisto es la máscara de red **255.255.255.224** .

Obtener la máscara de red por defecto:

Sabiendo que se trata de una red de clase C, la máscara por defecto se puede obtener a partir de la tabla 39. Según la tabla, la máscara por defecto para una red de clase C es **255.255.255.0** y el CIDR por defecto, **24** . Es decir, reserva 24 bits para la dirección IP de la red (y/o subredes).

Obtener los "bits prestados":

Por *bits prestados* se entiende a la cantidad de bits que se reasignan a una máscara de red, a partir de los octetos reservados al host, en la máscara por defecto.

Si se tiene el CIDR de la nueva máscara, los bits prestados se pueden obtener restando el CIDR de la máscara por defecto al CIDR de la nueva máscara. En caso contrario, se convierte cada uno de los octetos restantes (es decir, aquellos octetos que no forman parte de la máscara de red por defecto) a número binario y se cuenta la cantidad de unos[47] del binario.

En este caso, el octeto es **224**. Para convertirlo a número binario se puede utilizar

---

47 Por ejemplo, en el número 11000000 hay dos 1s, por lo tanto, para ese binario, se estarían tomando 2 bits prestados.

el método explicado en la página 141 (dividir el número por **2** hasta llegar a **0**, y unir los restos de las divisiones, de derecha a izquierda).

El número binario de cada octeto restante es: **11100000** .

Este número tiene tres unos, por lo que la cantidad de bits prestados es **3**.

Estos bits pueden sumarse al CIDR por defecto para así obtener el nuevo CIDR: **24+3=27**

Obtener la cantidad de subredes disponibles:

Se asume para este caso, que la máscara de red ha sido modificada a fin de crear tantas subredes como fuese posible[48].

Llámese **n** a la cantidad de bits prestados y **S** a la cantidad de subredes. Se obtiene **S** mediante la potencia **n** de **2**, tal que: $S=2^n$.

En el caso del ejemplo, se obtiene que: $S=2^3=8$

Obtener cantidad de bits disponibles para el host:

La cantidad de bits destinados para direcciones IP de los host se obtendrá restando la cantidad de bits reservados para redes a la cantidad total de bits (**32**).

---

48 Esta es una práctica habitual en organizaciones de tamaño medio a grande, en las que se crean subredes diferentes para cada sector o departamento de la organización.

Llámese b_s a la cantidad de bits destinados a las direcciones IP de subred (el CIDR), y b_h a la cantidad de bits destinados a direcciones IP de los host, b_h estará determinada por $b_h = 32 - b_h$.

En este caso, siendo 27 el CIDR, la cantidad de bits destinados a direcciones IP de host será:
$b_h = 32 - 27 = 5$

Obtener cantidad de host por cada subred disponible:

La cantidad de direcciones IP disponibles para cada subred, va a estar determinada por la cantidad de bits que han quedado disponibles para los hosts. Es decir que si han quedado disponibles b_h bits para direcciones IP de hots, la cantidad total de host H por subred será de[49]: $H = 2^{b_h} - 2$

En este caso, se tendría que:

$$H = 2^5 - 2 = 32 - 2 = 30$$

Obtener cantidad de direcciones IP totales:

La cantidad total de direcciones IP se obtiene multiplicando la cantidad de host por red por la cantidad de redes $H * S$.

En este caso se tendrían $30 * 8 = 240$ host entre todas las subredes.

---

49   Se recuerda que se restan 2 ya que la primera dirección se destinará a la dirección IP de la propia red, y la última dirección, a la dirección IP de difusión (dirección de *broadcast*).

Obtener el LSB (*Least Significant Bit*):

El LSB o *bit menos significativo* es el bit de menor orden en un número binario[50]. Este número se utiliza como incremento para las direcciones IP. Se obtiene dividiendo **256** por el la cantidad de subredes, tal que

$$LSB = 256/S$$

En este caso: $LSB = 256/8 = 32$

Al emplearlo como incremento, se comienza en **0**. En cada inicio, la primera dirección IP obtenida es la ID de red, y en cada salto, la última dirección obtenida es la dirección de difusión. En la tabla 40 puede verse el resultado.

Tabla 40: *Rangos de direcciones IP disponibles en las subredes de la red 192.168.0.0*

| ID DE SUBRED | HOST UTILIZABLES | | BROADCAST |
	PRIMERA IP	ÚLTIMA IP	
0	192.168.0.1	192.168.0.30	31
31	192.168.0.33	192.168.0.62	63
64	192.168.0.65	192.168.0.94	95
96	192.168.0.97	192.168.0.126	127
128	192.168.0.129	192.168.0.158	159
160	192.168.0.161	192.168.0.190	191
192	192.168.0.193	192.168.0.222	223
224	192.168.0.225	192.168.0.254	255

---

50   Real Academia de Ingeniería. (s.f.). bit menos significativo. En Diccionario español de Ingeniería. Recuperado en 7 de septiembre de 2021, de http://diccionario.raing.es/es/lema/bit-menos-significativo.

IP versión 6 (IPv6)

La versión más actual del protocolo de internet (IP), es la versión 6, que implementa algunos cambios respecto a la versión anterior, IPv4, vista hasta el momento. Los principales cambios se presentan resumidos en la tabla 41.

Tabla 41: *Cambios en IPv6*

ASPECTO	EXPLICACIÓN DEL CAMBIO
DIRECCIONAMIENTO IP	En IPv6, el direccionamiento IP destina 128 bits en contraste con los 32 bits empleados en la versión 4. De esta forma, la cantidad de direcciones IP disponibles es mucho mayor, pudiendo alcanzar cerca de las 10^{30} direcciones IP por persona a nivel mundial (Chan, 2001).
ESQUEMA DE ENRUTAMIENTO	Otro de los cambios de IPv6 respecto a IPv4, es el esquema de enrutamiento. Además de difusión única (*unicast*) y múltiple (*multicast*), implementa la *difusión por proximidad* (*anycast*) que sustituye a las direcciones de difusión (*broadcast*) de IPv4.
ENCABEZADOS	Un aspecto característico de IPv6, es también la simplificación de los encabezados de los paquetes de datos. Al ser encabezados más simples, el enrutamiento es en consecuencia, más rápido (puesto que el mismo paquete de datos en IPv6 es más pequeño que en IPv4).
FORMATO DE DIRECCIONES IP	Por otra parte, el nuevo formato de direcciones IPv6 hace innecesario al enrutamiento interdominio (CIDR) puesto que las direcciones son lo suficientemente amplias para codificar en ellas, toda la información necesaria. Esto es: • un prefijo de 48 bits que define la topología de red pública; • una ID de 16 bits que permite identificar la subred; • y finalmente, una ID de interfaz de 64 bits, que permite identificar al host. El formato de una dirección IPv6 se puede visualizar en la imagen 41.

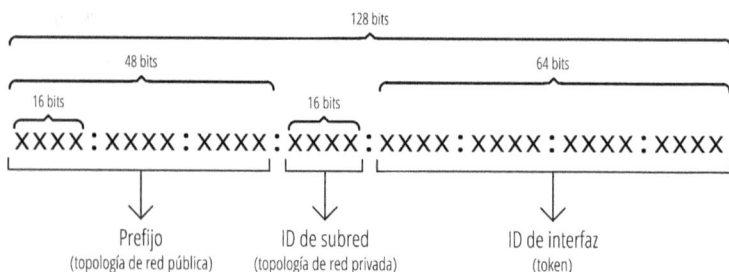

Imagen 41: *Formato de una dirección IPv6*

Si se desea profundizar en aspectos avanzados de IPv6, se recomienda la lectura de la «*Guía de administración del sistema: servicios IP*» (en español) de Oracle® Corporation, localizable en https://docs.oracle.com/cd/E19957-01/820-2981/book-info/index.html.

En inglés, el trabajo de investigación sobre configuración de IPv6 presentado por el Dr. Wilson Chan en 2001, es también una aproximación de utilidad. Puede leerse en línea en el sitio Web del profesor Edoardo S. Biagioni de la Universidad de Hawaii, ingresando en https://www2.hawaii.edu/~esb/prof/proj/ipv6/wilsonch/

El protocolo TCP

TCP

TCP es un protocolo que permite el envío de paquetes de datos fiables a través de diferentes configuraciones de red. Para lograr esto, el servicio TCP requiere entidades —a ambos extremos, tanto del emisor como del receptor— que acepten el flujo de datos, lo procesen localmente, lo dividan en pequeñas partes, y las envíen como datagramas separados, a fin de cumplir con las especificaciones del protocolo TCP/IP. Estas entidades TCP, se implementan a modo de servicios en los sistemas informáticos.

*E*l protocolo TCP especifica reglas, mientras que el servicio TCP, como parte de un programa informático, las aplica.

SOCKET

El servicio de transporte TCP, a ambos extremos (receptor y emisor), requiere de la creación de nodos (*endpoint*) denominados *sockets*. Un socket es una interfaz a través de la cual se reciben las solicitudes TCP y se transfieren los datos.

PUERTO

Dicha interfaz se compone por un número de socket (dirección IP del host) y un número local de 16 bits, denominado *puerto*. El puerto es el *punto de acceso* al servicio de transporte TCP.

Los puertos por debajo del puerto 256 se encuentran reservados a servicios estándar definidos por la *Internet Assigned Numbers Authority* (IANA). Algunos de ellos se muestran en la tabla 42.

Tabla 42: *Puertos comunes definidos por IANA*

PUERTO	NOMBRE	SERVICIO
21	ftp	Servicio de transferencia de archivos FTP
22	ssh	Secure Shell (SSH)
23	telnet	Servicio de Telnet
25	smtp	Simple Mail Transfer Protocol (SMTP)
80	http	Protocolo de transferencia de hipertexto (HTTP) para servicios World Wide Web (www)
88	kerberos	Servicio de autenticación en red Kerberos
110	pop3	Versión 3 del protocolo post office (POP3)
115	sftp	Servicio seguro de transferencia de archivos (SFTP)
143	imap	Servicio del protocolo de acceso a mensajes de internet (IMAP)
194	irc	Internet Relay Chat (IRC)
443	https	Protocolo seguro de transferencia de hipertexto (HTTPS) para servicios World Wide Web (www)
873	rsync	Servicio de sincronización remota de archivos *rsync*
993	imaps	Servicio del protocolo de acceso seguro a mensajes de internet (IMAPS)
995	pop3s	Versión 3 del protocolo seguro post office (POP3S)

PUNTO DE ACCESO

Un *punto de acceso* es un proceso a la espera que se activa cuando recibe una solicitud de transferencia de datos vía TCP. Se trata de un proceso que se activa al ser invocado por un proceso remoto.

¿ESCUCHAN LOS PUERTOS? Un puerto es un proceso[51] a la espera de ser invocado, el cual se activa al recibir una solicitud. Por ello, la frase *puerto a la escucha* es una metáfora que se refiere a un proceso en memoria que se reactivará al recibir una orden de ejecución.

LOS PUERTOS ¿SE ABREN Y SE CIERRAN? Las frases *abrir el puerto n* y *cerrar el puerto n*, son también metáforas. Cuando se habla de abrir un puerto en realidad se hace referencia a cargar el proceso al que se conoce como *puerto n*, en la memoria, y al hablar de cerrar el puerto, de eliminar dicho proceso de la memoria.

Todas las conexiones TCP son ambos sentidos, es decir, desde y hacia ambos nodos (receptor y emisor), y por consiguiente, requieren indefectiblemente de la existencia de ambos nodos. Los datos que se transportan en TCP son flujos de bytes. Al tratarse de flujo de bytes, lo que se pretende es que los emisores no sobrepasen la capacidad de recepción de bytes de los receptores.

El protocolo UDP

A diferencia de TCP, en UDP los mensajes son enviados de puerto a puerto, como datagramas de datos en crudo en vez de flujos de bytes. Por otra parte, si bien UDP en su encabezado proporciona una *suma de comprobación*[52], no ofrece como TCP, un mecanismo de control de errores y fiabilidad de entrega.

Dado que UDP no opera con flujo de bytes, en la entrega de los datos en crudo puede perderse información por múltiples razones. Una de ellas, es que el receptor no tenga capacidad para recibir más datos. Esta es la diferencia fundamental entre TCP y UDP. En TCP, se envía todo lo

---

51   Recordar que un proceso es un programa en memoria, es decir, un programa en ejecución.
52   Para ampliar este tema, referirse a Funciones Hash en el capítulo VII (página 297).

que se debe enviar, con "paciencia" suficiente para aguardar la entrega. Esto requiere comprobar que el flujo de bytes enviados es igual al flujo de bytes recibidos. Por ello, **TCP se basa en la fiabilidad de los datos**. En UDP, sin embargo, importa la velocidad de entrega. Se envían los datos a borbotones, sin importar cuántos de ellos se reciben o no, ya que lo sustancial, es la velocidad con la cuál se entregan.

Haciendo una analogía, **se puede pensar en TCP y UDP como en dos transportistas descargando 15 copas de cristal, por un lado, y 15 mil vasos de vidrio, por el otro.** Por su precio, se pretende que las 15 copas de cristal se descarguen y entreguen intactas (TCP), mientras que lo que interesa al descargar los 15 mil vasos de vidrios, es que se descarguen rápido (pues son demasiados), y realmente, no importa si se rompen algunos (UDP).

Por ello, si se envía un correo electrónico, importa que llegue intacto, pero en una videollamada, no importa si se pierde parte de la imagen o del audio, mientras la entrega se haga rápido.

El protocolo DNS

Cada nombre de dominio está asociado a un host, es decir, a una dirección IP dentro de una red informática. Según un artículo de Forbes® México de 2019, hasta entonces existían más de 300 millones de nombres de dominio en todo el mundo[53]. Escribir uno de ellos en la barra de direcciones del navegador y esperar que el navegador resuelva a qué host debe enviar la solicitud, no es una tarea simple, ni rápida.

PROTOCOLO DNS   El protocolo DNS (*Domain Name System — Sistema de nombres de dominio—*) es una solución

---

53   https://www.forbes.com.mx/internet-ya-cuenta-con-348-7-millones-de-nombres-de-dominios-registrados/

para mapear dominios de forma directa (menos compleja y más rápida para el ser humano), implantando un esquema jerárquico de nombres de dominio, y un sistema de base de datos distribuida que implementa dicho esquema.

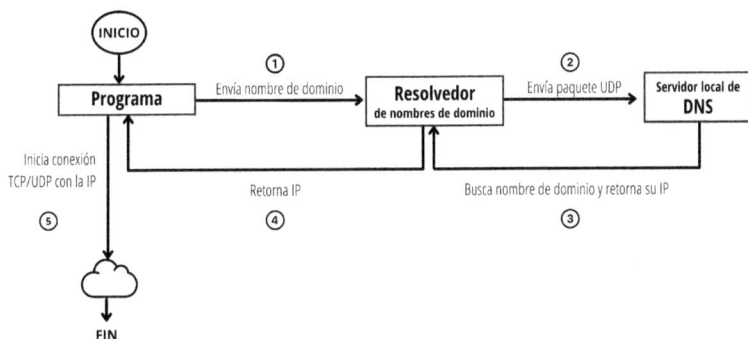

Imagen 42: Funcionamiento del protocolo DNS

FUNCIONAMIENTO. Cuando un programa requiere iniciar una conexión TCP o UDP y solo cuenta con el nombre del dominio pero no con su IP, realiza una llamada a un programa denominado *resolvedor de nombres de dominio* (o *resolver*, en inglés). Este, envía un paquete UDP al servidor de DNS local, quien busca el dominio, intercepta la IP del dominio, y la retorna al resolvedor, quien a su vez, la devuelve al programa que realizó la llamada. Dicho programa, utiliza la IP retornada por el resolvedor para establecer una conexión TCP o UDP (según el programa) con el dominio consultado. Todo el funcionamiento puede verse reflejado en la imagen 42.

ESTRUCTURA. Los nombres de dominio se organizan jerárquicamente. Los dominios superiores (llamados TLD por las siglas en inglés de *Top Level Domain*) albergan millones de host. Cada dominio se divide a su vez en subdominios. Algunos TLD son genéricos, como *.com* (para uso comercial), *.edu* (para instituciones educativas reguladas), *.gov* (para organismos de gobierno), o *.org* (para organizaciones no gubernamentales), entre otros. Otros TLD, pertenecen a países, como *.ar* (Argentina), *.mx* (México), *.co* (Colombia), *.uk* (Reino Unido) o *.us* (Estados Unidos de América), entre otros. Los TLD de países utilizan el estándar ISO 3166.

Esta estructura de TLD, dominios y subdominios puede ser representada como un árbol donde los TLD son los nodos, los dominios (subdominios de cada TLD) y subdominios son ramas, y las hojas, representan aquellos subdominios que no albergan a otros subdominios.

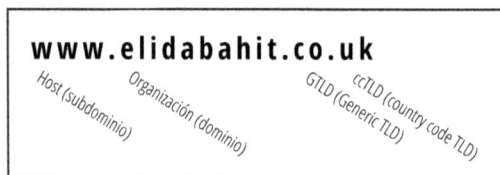

Imagen 43: Estructura de una dirección de Internet

El sistema de nombres de dominio está integrado por una serie de componentes que son definidos en las RFC 1034. Dichos componentes se describen a continuación.

ESPACIO DE NOMBRE DE DOMINIO   El espacio de nombre de dominio es el nombre que se le da a la subestructura de un dominio específico (a su "árbol").

REGISTROS DE RECURSOS (RR) Dentro de un espacio de nombre de dominio, los registros de recursos (abreviados en inglés y en español como RR) son las especificaciones particulares que sirven para resolver un determinado dominio.

SERVIDOR DE NOMBRES Se trata de programas informáticos que proveen la información relativa a los espacios de nombre que albergan.

AUTORIDAD Se considera autoridad, al servidor de nombres de un espacio de nombre determinado.

RESOLVEDOR DE NOMBRES Son aquellos programas que extraen la información de los servidores de nombres.

ZONA Se denomina *zona* o *zona de DNS*, a la unidad que almacena un espacio de nombre determinado. Tanto el conjunto de todos los dominios de un servidor, como cada uno de los espacios reservados a la configuración particular de un dominio específico, suelen presentarse en archivos de texto en formato ASCII, divididos en líneas conocidas como *registros de recursos DNS*. A estos archivos se los suele denominar, en la práctica, archivos de zonas DNS.

Todos los elementos del sistema de nombres de dominio son de similar importancia. Sin embargo, se hace necesario examinar con mayor profundidad, los registros de recursos (RR), pues son de especial importancia a la hora de diseñar un sistema informático, y de instalar un programa desarrollado que requiera configurarse dentro de un servidor.

COMPONENTES DE Definidos en las RFC 1035 como una séxtupla

LOS REGISTROS DE RECURSOS DNS	formada por **(NOMBRE, TIPO, CLASE, TTL, LONGITUD, DATOS)**, donde:

NOMBRE es el nombre de dominio;

TIPO el tipo de registro (ver tabla 43 para los tipos que podrían ser considerados los más habituales);

CLASE la clase de registro (que para Internet siempre es **IN**);

TTL el tiempo de vida del registro (indica la cantidad de segundos que el registro permanece estable hasta un nuevo cambio);

LONGITUD un entero especificando la longitud del valor del campo de datos; y

DATOS un valor variable según cada tipo de registro.

TIPOS DE REGISTROS Los registros más habituales se pueden encontrar en la tabla 43. Para una lista detallada de tipos, se recomienda examinar la sección 3.2.2[54] de las RFC 1035 cuya URL se menciona en el pie de página.

Tabla 43: Principales tipos de registros del DNS

TIPO	DESCRIPCIÓN
SOA	Inicio de autoridad de zona
NS	Servidor de nombres de dominio
A	Dirección de host con IPv4

---

54 https://www.rfc-editor.org/rfc/rfc1035.html#section-3.2.2

Tipo	Descripción
AAAA	Dirección de host con IPv6
MX	Intercambio de correo
CNAME	Nombre canónico para un alias
TXT	Cadena de texto

Cada uno de estos tipos se emplea para un uso diferente.

El código 6 muestra un ejemplo de archivo de configuración para la tecnología BIND 9[55].

```
; Archivo /etc/bind/named.conf

zone "ns1.ebyte.science" {
    type master;
    file "/etc/bind/ebyte.science.zone";
    also-notify {111.222.33.44}
};
```

Código 6: *Ejemplo de archivo de configuración para un servidor de nombres con BIND sobre Debian GNU/Linux*

En el código 7, puede verse un ejemplo de archivo de zona DNS para la misma tecnología.

---

55   BIND 9 (siglas de «*Berkeley Internet Name Domain*») es un conocido servidor de DNS, ampliamente utilizado sobre servidores UNIX/Linux: https://www.isc.org/bind/

```
; Archivo /etc/bind/ebyte.science.zone

$TTL 1800
@    IN   SOA   ns1.ebyte.science. admin.ebyte.science. (
                1002
                3600
                1800
              604800
                1800
)

@    IN   NS    ns1.ebyte.science.
@    IN   NS    ns2.ebyte.science.

@    IN   A     123.45.67.89
```

Código 7: *Ejemplo de archivo de zona para el servidor de DNS Bind sobre Debian GNU/Linux*

En el quehacer habitual de la ingeniería de Software, solo los proyectos de gran magnitud requieren que se defina un servidor de nombres propio. Los proyectos de pequeña y mediana envergadura, suelen emplear el servidor de nombres de la empresa o entidad donde registran un nuevo nombre de dominio, o bien, de la empresa donde rentan el servidor físico o servidor virtual dedicado (VPS).

Los nuevos nombres de dominio se registran mediante empresas y entidades autorizadas, generalmente, mediante un pago de periodicidad anual.

Protocolos de transferencia de correo electrónico (SMTP, POP3, IMAP y DMSP)

Un sistema de correo electrónico se compone de dos elementos: un MUA y un MTA.

MUA **MUA** (*Mail User Agent* o Agente de usuario de correo electrónico) es un programa destinado al usuario final, que permite leer y enviar mensajes de correo electrónico.

MTA **MTA** (*Mail Transfer Agent* o Agente de transferencia de correo electrónico), es un *demonio de sistema* (es decir, un programa cargado en la memoria, ejecutándose en segundo plano), que posibilita la transferencia de los mensajes de correo electrónico desde un lugar a otro.

Para enviar un mensaje de correo electrónico, se establece una conexión TCP, generalmente hacia el puerto 25 del servidor de correo del destinatario. A continuación, se introducen cuatro protocolos que definen la forma en la que se gestiona el envío de mensajes de correo electrónico.

> **AVISO LÉXICO:** Las traducciones al español de los siguientes protocolos, solo se presentan a título orientativo, pero debe tenerse en cuenta que estos protocolos se emplean en su idioma original, sin traducción al castellano.

SMTP **SMTP** (*Simple Mail Transfer Protocol* o Protocolo simple de transferencia de correo): definido en las RFC 821, el protocolo SMTP se encarga de copiar los mensajes en los buzones de los destinatarios, una vez las conexiones entrantes han sido aceptadas. En caso de entrega fallida, devuelve al remitente un mensaje de error conteniendo parte del mensaje original.

POP3	**POP3** (*Post Office Protocol*, que en español significa protocolo de la oficina postal o protocolo de la oficina de correos): definido en las RFC 1225, tiene por destino la obtención de mensajes de correo electrónico desde un servidor externo. No recibe conexiones entrantes, sino que permite a los destinatarios, autenticarse en un servidor de correos remoto, a fin de obtener mensajes, almacenarlos localmente, y eliminarlos del servidor remoto.
IMAP	**IMAP** (*Interactive Mail Access Protocol*, traducido como protocolo de acceso interactivo al correo electrónico): definido en las RFC 1064, centraliza los mensajes de correo electrónico en un repositorio unificado, de forma tal que puedan ser recuperados desde múltiples dispositivos, por lo que a diferencia de POP3, no almacena los mensajes localmente.
DMSP	**DMSP** (*Distributed Mail System Protocol* o protocolo de sistema de correo distribuido): descrito en las RFC 1056, ofrece la posibilidad de descargar los correos electrónicos localmente, trabajar sin conexión, y sincronizar el sistema y enviar los mensajes salientes —preparados sin conexión—, una vez esta se restablezca.

Formato de los mensajes de correo electrónico: los estándares RFC 822 y MIME

El estándar RFC 822, propuso un formato de correo electrónico dividido en dos secciones separadas por una línea en blanco como se muestra en el código 8. Estas dos secciones, se denominan como sección de cabecera y sección del cuerpo del mensaje, respectivamente.

EUGENIA BAHIT. FUNDAMENTOS DE CIENCIAS INFORMÁTICAS PARA EL ABORDAJE DE LA PROGRAMACIÓN

La **sección de cabecera**, se organiza en campos de cabecera distribuidos en líneas cuyo formato interno establece un nombre de campo y un valor asociado a dicho nombre, con la forma:

```
<Nombre-De-Campo>: <valor del campo>
```

Los campos de cabecera definidos en las RFC 822 pueden verse en la tabla 44.

La **sección del cuerpo del mensaje**, se compone de texto libre en formato ASCII.

```
<campos de cabecera>

<cuerpo del mensaje>
```

Código 8: Formato de un mensaje de correo electrónico según el estándar RFC 822

Tabla 44: Campos de cabecera según el estándar RFC 822

CAMPO	DESCRIPCIÓN
Date	Fecha y hora en la que el mensaje está siendo enviado
Message-Id	Número de identificación única del mensaje
In-Reply-To	Identificador del mensaje al que se está respondiendo
From	Dirección de correo de quien envía el mensaje
To	Dirección de correo del destinatario
Cc	Dirección(es) de correo de destinatarios secundarios
Bcc	Dirección(es) de correo de destinatarios ocultos
Reply-To	Dirección de correo a la cual dar respuesta

CAMPO	DESCRIPCIÓN
Subject	Asunto del mensaje

Un mensaje de correo electrónico según el estándar RFC 822, podría verse como el presentado en el código 9.

```
Date: 25 Aug 96 1725 EDT
From: eugenia@example.org
Subject: Te espero en el bar
To: janedoe@example.org

Hola Jane. Te espero en el bar a las 20:50. Saludos!
```

Código 9: *Ejemplo de mensaje de correo electrónico según estándar RFC 822*

El estándar **MIME** (*Multipurpose Internet Mail Extensions*) definido en las RFC 1521, agrega soporte para formatos de cuerpo de mensaje que no sean ASCII, definiendo nuevas reglas de codificación y sumando cinco campos de cabecera, tal como se describen en la tabla 45.

Tabla 45: *Campos de cabecera agregados por el estándar MIME*

CAMPO	DESCRIPCIÓN
MIME-Version	Identifica la versión MIME (actualmente es 1.0). La presencia de este campo indica que el correo se envía bajo el estándar de las RFC 1521.
Content-Description	Un resumen que identifica el tema del mensaje
Content-Id	Identificador único (similar al Message-Id)
Content-Transfer-Encoding	Define el esquema de codificación que será usado

Campo	Descripción
	para transmitir el mensaje. Los seis tipos definidos en las RFC 1521, se presentan en la tabla 46.
Content-Type	Especifica el tipo y subtipo MIME del mensaje. Los tipos básicos se describen en la tabla 47.

Los seis esquemas de codificación definidos en el estándar MIME, se describen en la tabla 46.

Tabla 46: *Esquemas de codificación propuestos por el estándar MIME*

Esquema de codificación	Descripción
7bit	Los datos son representados en líneas cortas bajo el esquema de codificación ASCII.
quoted-printable	Para mensajes largos que incluyen caracteres ASCII y que no lo son. Este esquema se define en la sección 5.1 de las RFC 1521[56].
base64	También denominado ASCII *armor*, se utiliza especialmente para codificar datos binarios. El esquema de codificación Base 64 se explica detalladamente más adelante por considerarse el de mayor interés dada su utilidad.
8bit	Similar al esquema de 7 bits, pero utilizando 8, permite incluir caracteres que no son ASCII. Las líneas también requieren un límite de longitud al igual que sucede con el esquema de 7 bits.
binary	Similar al esquema de 8 bits pero sin límite de longitud de líneas. No presenta garantías de que el mensaje se transmita de la forma adecuada.
x-token	Sirve para implementar esquemas de codificación personalizados. Su nombre, x-token, se debe a que cualquier esquema personalizado (token) debe llevar el prefijo "x-". Por ejemplo, x-europio-code.

---

56 https://datatracker.ietf.org/doc/html/rfc1521#section-5.1

En la tabla 47 se muestran algunos tipos y subtipos de datos definidos en el estándar MIME. Una lista completa de tipos y subtipos MIME puede verse en el sitio Web de la *Mozilla Developer Network* (MDN)[57].

Tabla 47: *Tipos y subtipos definidos en el estándar MIME*

TIPO MIME	SUBTIPO	DESCRIPCIÓN
text	*plain*	Texto plano
	html	Texto con formato enriquecido (lenguaje de marcado)
multipart	*mixed*	Partes independientes
	alternative	Mismo mensaje en formatos distintos
	parallel	Varias partes que deben ser vistas simultáneamente
image	*png*	Formatos de imágenes
	jpg	
	gif	
message	*rfc822*	Un mensaje según el estándar RFC 822
	partial	Mensaje que fue dividido para ser transmitido
	external-body	El contenido del mensaje debe ser obtenido desde una red externa

El ejemplo del código 9, enviado con el estándar MIME, podría verse como el código 10 mostrado a continuación.

---

57   https://developer.mozilla.org/es/docs/Web/HTTP/Basics_of_HTTP/MIME_types/Common_types

EUGENIA BAHIT. FUNDAMENTOS DE CIENCIAS INFORMÁTICAS PARA EL ABORDAJE DE LA PROGRAMACIÓN

```
MIME-Version: 1.0
Content-Type: text/html; charset=utf-8
Content-Transfer-Encoding: Base64
Date: 25 Aug 96 1930 EDT
From: eugenia@example.org
Subject: Te espero en el bar
To: janedoe@example.org

Hola Jane. Mejor te espero <b>mañana</b> en el bar a las
<u>14:30</u>. Saludos!
```

Código 10: *Ejemplo de correo electrónico según el estándar MIME*

BASE 64   La codificación *Base64* consiste en una tabla de 64 caracteres, formada por las letras mayúsculas y minúsculas de la "A" a la "Z", los dígitos del "0" al "9", el signo "+" y la barra diagonal "/". Un carácter adicional se utiliza además, como carácter de relleno, este es el signo "=". La tabla de equivalencias puede ver a continuación:

Tabla 48: *Tabla de equivalencias para el esquema de codificación Base 64*

0	1	2	3	4	5	6	7	8	9	10	11	12	13	14	15
A	B	C	D	E	F	G	H	I	J	K	L	M	N	O	P
16	17	18	19	20	21	22	23	24	25	26	27	28	29	30	31
Q	R	S	T	U	V	W	X	Y	Z	a	b	c	d	e	f
32	33	34	35	36	37	38	39	40	41	42	43	44	45	46	47
g	h	i	j	k	l	m	n	o	p	q	r	s	t	u	v
48	49	50	51	52	53	54	55	56	57	58	59	60	61	62	63
w	x	y	z	0	1	2	3	4	5	6	7	8	9	+	/

Para codificar en Base64, los datos de entrada se dividen, de izquierda a derecha, en 3 grupos de 8 bits cada uno. Cada 3 grupos de 8 bits, se dividen los 24 bits en 4 grupos de 6 bits cada uno. A cada grupo de 6 bits, se lo convierte a decimal y se reemplaza el decimal por el valor de equivalencia de la tabla de codificación Base64 (tabla 48).

Cuando no pueden completarse 24 bits, se rellenan los bits faltantes con ceros, y cada grupo de 8 bits faltantes (es decir, de ceros) se lo reemplaza con un signo "=".

En el código 11 puede verse un ejemplo de codificación con el esquema Base 64 para la letra "A".

```
Cadena de entrada:              A
Valor equivalente de 8 bits:    01000001
Relleno de bits faltantes:      01000001 00000000 00000000
Reagrupación de 6 bits:         010000 010000 000000 000000
Equivalencia decimal:           16      16
Equivalencia Base64:            Q       Q
Equivalencia Base64 y relleno:  Q       Q       =       =
```

Código 11: *Ejemplo de codificación en Base 64*

El protocolo HTTP

HTTP

HTTP son las siglas de *Hypertext Transfer Protocol* que en español se traduce como *protocolo para la transferencia de hipertexto*. Fue originalmente desarrollado para sistemas *hipertexto* e *hipermedia* distribuidos.

Dadas las características técnicas de HTTP, es un protocolo que puede tener otros usos más allá

EUGENIA BAHIT. FUNDAMENTOS DE CIENCIAS INFORMÁTICAS PARA EL ABORDAJE DE LA PROGRAMACIÓN

del hipertexto. La versión actual, **HTTP/1.1**, es definida en las RFC 2616, y desde la versión 1.0 permite la transferencia de mensajes de tipo MIME.

HIPERTEXTO

En ciencias de la computación, un *hipertexto* es un conjunto de elementos con información interrelacionada, accesible a partir de enlaces denominados *enlaces de hipertexto*.

El concepto subyacente detrás de los términos *hipertexto* e *hipermedia* es similar, con la salvedad de que el segundo, hace referencia a enlaces de elementos multimedia de diversos tipos, y su implementación es algo más compleja que la del hipertexto.

En el abordaje de la programación, el estudio del protocolo HTTP en profundidad representa la base de conocimientos mínima para el desarrollo de un tipo de formato de aplicación conocido como **API** (**Application Programming Interface**, o *Interfaz de programación de aplicaciones*). Se trata de programas informáticos utilizados para permitir la interacción entre dos programas independientes. Se denominan interfaces ya que actúan como intermediarias para que un programa pueda acceder a otro sin hacer un uso directo de este.

En el mundo actual, son empleadas en todo tipo de sistemas informáticos. Un uso tecnológico habitual y bien conocido de este tipo de interfaces de aplicación, es el que las redes sociales ofrecen a otros programas para facilitar la función de autenticación de usuarios.

CLIENTE-SERVIDOR El protocolo HTTP está basado en una arquitectura cliente-servidor. Esta arquitectura plantea dos componentes (programas informáticos) conectados sobre una red informática:

- un *cliente*, que consume los recursos provistos por el servidor;

- y un *servidor*, que provee de recursos a los clientes.

En esta arquitectura, los clientes solicitan al servidor un recurso, el servidor acepta la solicitud, y retorna al cliente los resultados de la ejecución de la misma.

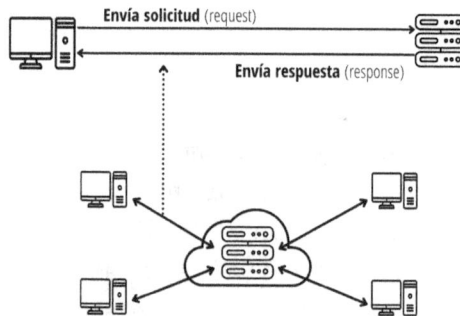

Imagen 44: *Arquitectura cliente servidor*

URI / URL Los recursos provistos por el servidor (funcionalidades que el servidor puede llevar a cabo), son ofrecidos mediante un *identificador* *uniforme de recurso* (**URI**), también conocido como *localizador uniforme de recursos* (**URL**).

En lo que a HTTP concierne, los identificadores uniformes de recursos, es decir, los URI o URL, son cadenas de texto simple que permiten identificar mediante un nombre o localización, un recurso específico.

Un URI HTTP puede indicarse en uno de dos formatos: absoluto o relativo. Es absoluto cuando incluye el esquema *"http"* seguido de dos puntos, y es relativo cuando provee el nombre del recurso sobre una base conocida (host).

```
Absoluto: https://example.org/recurso
Relativo: /recurso
          (para el host example.org)
```

ESQUEMA *http*

El esquema "http" se utiliza para localizar recursos bajo el protocolo homónimo (HTTP) empleando el siguiente formato:

```
http://<host>[:<puerto>][<ruta absoluta del
recurso>][?<cadena de consulta>]
```

Un ejemplo completo podría verse como el siguiente:

```
http://www.elidabahit.co.uk:8080/ruta/
absoluta?consulta=una+cadena+cualquiera
```

Cuando el puerto no es indicado en el URI, por defecto, el protocolo entiende que el acceso será a través del puerto 80.

Las solicitudes HTTP se envían en una sola línea sin saltos (excepto al final).

Una solicitud HTTP presenta el siguiente formato:

`<método><SP><URI><SP><HTTP-Version><CRLF>`

En la línea anterior, **<SP>** significa espacio en blanco y **<CRLF>**, salto de línea.

MÉTODOS DE SOLICITUD HTTP

En cuanto al método, el protocolo HTTP ofrece diferentes métodos de solicitud. Actualmente, la versión HTTP/1.1 define ocho métodos. Las denominaciones así como su descripción, se presentan en la tabla 49.

La versión HTTP será la más actual (HTTP/1.1) pero solicitudes antiguas podrían haber sido hechas con versiones anteriores como HTTP/1.0 o incluso, en los inicios del protocolo, como HTTP/0.9.

Tabla 49: *Métodos de solicitud HTTP*

MÉTODO	DESCRIPCIÓN
GET	Obtiene cualquier tipo de información
HEAD	Igual a GET pero el servidor no debe retornar una respuesta en el cuerpo del mensaje.
POST	Mientras que GET se recupera mediante el URI, POST solicita al servidor aceptar la información encapsulada como una entidad dentro de la propia solicitud
PUT	Mientras que POST se limita a enviar la información encapsulada, PUT agrega a la

Método	Descripción
	solicitud, que la información enviada (encapsulada como en POST) sea almacenada en el recurso que se está solicitando. Si el recurso solicitado existe, HTTP interpreta que debe ser modificado con la nueva entidad recibida. Si no existe, podría crear la nueva entidad (siempre y cuando el recurso tenga la capacidad de hacerlo).
DELETE	Solicita al servidor eliminar el recurso identificado en el URI.

Otros dos métodos son **TRACE** y **CONNECT** definidos en las secciones 9.8 y 9.9 de las RFC 2616, respectivamente.

ESTADOS DE RESPUESTA HTTP

Tras recibir la solicitud, y dependiendo tanto del método empleado por el cliente para efectuar la solicitud, como del resultado obtenido por el servidor al llevarla a cabo, este responderá al cliente con un mensaje compuesto de una línea de estado.

La *línea de estado* estará formada por la versión del protocolo, un *código de estado* de 3 dígitos, y su correspondiente explicación en una cadena de texto.

Existen cinco *clases de respuesta* que pueden ser identificadas por el primer número del código de estado. Las clases de respuesta se describen en la tabla 50.

Tabla 50: *Clases de respuesta HTTP*

Clase	Tipo	Descripción
1xx	Información	la solicitud ha sido recibida y se continúa el proceso
2xx	Éxito	la solicitud fue recibida y ejecutada con éxito
3xx	Traslado	la solicitud requiere de acciones adicionales para ser completada
4xx	Error de cliente	la solicitud o bien estaba incompleta, o bien, contenía errores de formato
5xx	Error de servidor	la solicitud no pude completarse debido a un error del servidor

Las secciones 10.1 a 10.5 de las RFC 2616, definen la lista completa de los códigos de estado para las cinco clases de respuesta. Algunos de estos se describen en la tabla 51.

Tabla 51: *Algunos códigos de estado de respuestas HTTP*

Código		Descripción
200	Ok	La solicitud ha sido exitosa
301	Moved Permanently	El recurso solicitado ha sido movido de forma permanente y se le ha asignado un nuevo URI
304	Not Modified	Cuando se realiza una nueva solicitud mediante el método GET y el recurso no ha sufrido cambios desde la última consulta del mismo cliente, el servidor debería responder con este código y no con '200 Ok'.
307	Temporary Redirect	Redirección temporal a un nuevo recurso (con nuevo URI asignado, temporalmente)

400	BAD REQUEST	La solicitud no ha sido entendida por el servidor
403	FORBIDEN	La solicitud ha sido rechazada por el servidor a pesar de haber sido entendida, y no debe ser reintentada
404	NOT FOUND	El servidor no encontró el recurso solicitado
405	METHOD NOT ALLOWED	El método de la solicitud no corresponde al método (o métodos) exigidos por el recurso
408	REQUEST TIMEOUT	La solicitud del cliente ha tomado más tiempo del que el servidor puede esperar
500	INTERNAL SERVER ERROR	El servidor ha encontrado un problema interno y ha debido finalizar abruptamente la solicitud
503	SERVICE UNAVAILABLE	El servidor no se encuentra disponible temporalmente para manejar la solicitud

CABECERAS HTTP

El protocolo HTTP, hereda el **formato de respuesta** del formato MIME. Los campos de cabecera HTTP presentan el mismo formato que los del formato MIME. En la tabla 52 se describen algunos de estos campos.

Tabla 52: Campos de cabecera HTTP

CAMPO	DESCRIPCIÓN
AUTENTICACIÓN	
WWW-AUTHENTICATE	Especifica el método de autenticación HTTP que se debe utilizar
AUTHORIZATION	Solicitus de autorización que contiene credenciales de usuario
CACHÉ	

CAMPO	DESCRIPCIÓN
EXPIRES	Fecha de caducidad del recuro
COOKIES[58]	
COOKIE	Contiene todas las cookies enviadas previamente por el servidor
SET-COOKIE	Establece una nueva cookie
DESCARGA	
CONTENT-DISPOSITION	Permite establecer si el contenido se ofrecerá como descargable o será mostrado en pantalla
CONTENIDO	
CONTENT-LENGTH	Informa el tamaño del cuerpo del documento
CONTENT-TYPE	Informa del tipo MIME del recurso
TRASLADO	
LOCATION	Establece el nuevo URI para el recurso solicitado[59]
ENTORNO	
HOST	Especifica el host actual
USER-AGENT	Establece información relativa a la tecnología empleada para la solicitud

---

58 Una *cookie* es un dato que un servidor Web almacena en el disco duro de un usuario.
59 Los navegadores de Internet en modo gráfico (navegadores Web) suelen seguir este URI de forma automática, por lo que el usuario no debe intervenir. Otros clientes (como cURL, por ejemplo) retornan al usuario el nuevo URI, siendo el usuario quien debe intervenir para llegar al recurso en la nueva ubicación.

CAPÍTULO VII. CRIPTOGRAFÍA

La criptografía es un área de estudio avanzada dentro de las ramas que conforman las ciencias informáticas. La rama a la cual pertenece se denomina *criptología*.

Abarcar su estudio en profundidad, requiere de dedicación exclusiva, por lo que en este capítulo se hará un abordaje superficial, que tendrá como objetivo acercar a toda persona profesional de las ciencias informáticas, a los conceptos básicos sobre criptografía, que son requeridos en el quehacer profesional habitual.

Teoría de la información

Como se introdujo en el capítulo IV, la teoría matemática de la comunicación abreviada como *teoría de la información*, es la ciencia que tiene por objeto el estudio del tratamiento y transmisión de la información, así como de los mecanismos matemáticos para medirla. En este apartado se hará una breve introducción a los conceptos más elementales de esta teoría a fin de establecer su relación con la criptografía.

Antes de avanzar, recordar que según esta teoría, la *información* es el *conjunto de símbolos interrelacionados que componen un mensaje, independientemente de su contenido semántico y pragmático*, y que en este contexto, un *símbolo* es un *conjunto de unidades binarias (bits)*.

En los documentos originales publicados por Claude E. Shannon, *«The mathematical theory of communication»* el eje central se pone en el efecto producido sobre la información a ser transmitida en un sistema de comunicación, por el ruido generado en el canal de transmisión. El objetivo de la teoría es proponer los mecanismos necesarios para que la información que se transmite desde un punto a otro, sea exactamente la misma y no se vea distorsionada por factores externos en el camino.

En este contexto, por *sistema de comunicación*, la teoría de la información entiende a aquel sistema integrado por:

1. Una *fuente de información* que produce un mensaje a ser transmitido por un canal y recibido en una terminal.

2. Un *transmisor* encargado de producir las señales

necesarias para que la información viaje por el canal.

3. Un *canal* que sirva de medio para que la información viaje de un punto a otro.

4. Un *receptor* encargado de revertir las señales generadas por el emisor

(para recuperar la información de modo legible).

5. Un *destinatario* (o terminal) a quien el mensaje (información) es dirigido.

Claude Shannon esquematizó el sistema de comunicación en un gráfico como el de la imagen 45.

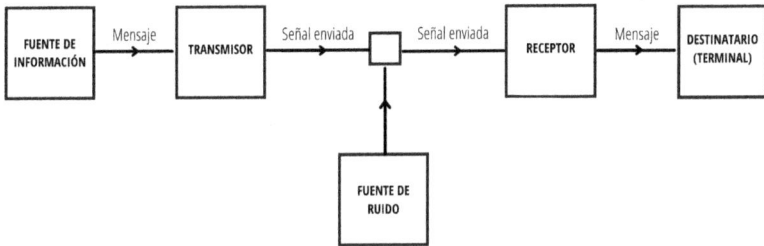

Imagen 45: *Diagrama esquemático de un sistema de comunicación general*
Imagen basada en el «Schematic diagram of a general communication system» de «The Mathematical Theory of Communication» de Claude E. Shannon. © 1949 Board of Trustees of University of Illinois.

RUIDO

El *ruido* que interfiere en un canal de comunicación, puede definirse como el conjunto de señales aleatorias que afectan a las señales del mensaje que se transmite.

NIVELES DE PROBLEMAS

En los sistemas de comunicación es posible

EN LOS SISTEMAS DE COMUNICACIÓN

encontrar tres niveles de problemas, A, B, y C. En el primer nivel (nivel A) se encuentran los problemas técnicos que afectan a la exactitud de los símbolos enviados respecto a los recibidos.

El ruido que interfiere en el canal transmisor y que importa a las ciencias informáticas, es el que afecta en el Nivel A (de los problemas técnicos).

Los niveles B y C corresponden a los problemas semánticos que interfieren en el sentido de lo que se transmite, y los problemas de efectividad, que afectan al éxito del mensaje, es decir, a si el mensaje logra influir en quien lo recibe de la forma en la que se espera que influya.

SEÑALES DISCRETAS Y SEÑALES CONTINUAS

A nivel técnico, la información puede transmitirse de mediante un conjunto discreto o continuo de señales[60]. Es *discreto* cuando la cantidad de símbolos a transmitir es un conjunto finito (como el de un alfabeto), y es continuo cuando la cantidad de símbolos a transmitir es variable dentro de un conjunto infinito. Las señales continuas se conocen también como señales análogas. Dado que la información puede verse afectada por el ruido,

---

60   A lo largo de este apartado se usan indistintamente los términos señales discretas, canal discreto, canal de comunicación discreto, y conjunto discreto. Aplica de igual forma a señales continuas, canal continuo, y canal de comunicación continuo.

la transmisión podrá ser de cuatro tipos: discreta (ruidosa o silenciosa) y continua (ruidosa o silenciosa).

Ruido y entropía

CAPACIDAD DE TRANSMISIÓN

Un canal de transmisión tiene una capacidad limitada para transmitir datos. Así, en un sistema de comunicación ideal que permitiese transmitir un conjunto de símbolos determinados, de n bits cada uno, con una duración fija de tiempo t por símbolo, la capacidad del canal estaría determinada por nt bits por segundos.

Pero sea la señal, discreta o continua, la presencia de ruido hace más complejo calcular la capacidad de transmisión de un canal.

Partiendo de la base de que cada uno de los símbolos a transmitir tiene una duración variable en el tiempo, explica Claude Shannon que en el caso más general, el cálculo de la capacidad C de transmisión de un canal discreto, se encuentra determinada por:

$$C = \lim_{T \to \infty} \frac{\log_2 N(T)}{T}$$

Donde $N(T)$ es la cantidad de señales permitidas, de duración T.

CORRECCIÓN DE ERRORES

A pesar de que la información sea discreta y no continua, al transmitirse en forma de bits y estos ser señales eléctricas dentro de un rango de voltaje, se hace aún más complejo determinar con exactitud el método adecuado para convertir esos bits a los símbolos esperados. Así, Claude Shannon además de introducir una medida para corrección de errores de transmisión, introdujo el concepto termodinámico de entropía, pero adaptado a los sistemas de comunicación. Matemáticamente, este concepto fue adaptado más tarde por McMillan, Feinstein, y Khinchin.

ENTROPÍA

En ciencias informáticas se define a la *entropía* como a la medida de la incertidumbre de una variable aleatoria. En un canal discreto de comunicación, la variable aleatoria es cada uno de los símbolos S_i de un conjunto finito de símbolos $S_1, S_2,..., S_n$, con una duración en el tiempo de t_i segundos.

La entropía $H(X)$ —que en sistemas computaciones se expresa en bits— de una variable aleatoria discreta X , se define por:

$$H(X)=-\sum_{x \in X} p(x) \ \log_2 \ p(x)$$

LEY DE ENTROPÍAS TOTALES

Una variable puede aportar información sobre otra por lo que el grado de entropía de la variable menos conocida, disminuye.

Una forma de comprenderlo mejor es pensar en el juego del ahorcado. Cuando el juego se inicia, ninguna de las letras es conocida. Análogamente, podría decirse que su entropía es mayor. A medida que las letras se van descubriendo, cada una de las letras descubiertas aporta mayor información sobre la palabra que se desea adivinar. Análogamente, puede decirse que el descubrimiento de letras va disminuyendo la entropía de la palabra.

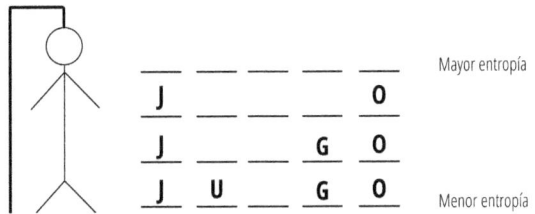

Imagen 46: *Entropía en el juego del ahorcado*

Así, entonces, el conocimiento de una variable que afecta a otra, disminuye el grado de entropía de la última. Esto se conoce como *teorema de disminución de la entropía*, y forma parte de *La Ley de entropías totales*, determinada por la entropía de una variable, más la entropía de la segunda variable sobre la primera, tal que:

$$H(X,Y)=H(X)+H(Y/X)$$

Siendo X e Y las variables en cuestión.

Adicionalmente a la entropía total, Shannon contempló una medida para la cantidad de información I que una variable ofrece sobre otra, siendo que está determinada por la diferencia entre la entropía de la segunda y la entropía de esta sobre la primera, tal que:

$$H(X,Y)=H(Y)-H(Y/X)$$

SISTEMA CRIPTOGRÁFICO INVIOLABLE

La medida de la entropía, la entropía total, y la medida de la cantidad de información, son conceptos clave en los sistemas criptográficos, puesto que fueron expuestos por Shannon a fin de ofrecer las bases matemáticas para un sistema criptográfico inviolable.

Shannon propuso que si la cantidad de información I que una variable V_1 ofrece sobre otra variable V_2 es cero, si V_1 es un mensaje cifrado[61] c y V_2 la entropía del mensaje sin cifrar m, entonces se tiene un sistema criptográfico inviolable.

Así, para el conjunto de todos los mensajes cifrados C (donde se cumple que $c \in C$) y todo el conjunto de mensajes M sin cifrar (para los que se cumple que $m \in M$), se obtiene un sistema criptográfico completo que

---

61   En este contexto y de forma simple, debe entenderse a un mensaje cifrado como un mensaje difuso. Más adelante se ampliará este concepto.

es inviolable, puesto que para el total de ambos conjuntos se cumple entonces que $I(C, M)=0$, inviolable incluso, para un sistema de cómputo con capacidad infinita.

Criptografía y esteganografía

CRIPTOGRAFÍA

La *criptografía* es la rama de la criptología, que se encarga de cifrar y descifrar mensajes de forma tal que resulten ininteligibles para cualquier persona (o proceso) que no sea la verdadera destinataria del mismo.

CRIPTOLOGÍA

CRIPTOANÁLISIS

La *criptología*, es la ciencia que estudia el almacenamiento y la comunicación de datos de forma secreta y segura, y que además de la criptografía abarca al *criptoanálisis*, la rama de la criptología que se encarga del estudio de los mecanismos de descifrado frente a claves de cifrado desconocidas.

A grandes rasgos puede decirse que la criptografía abarca, entre otras, tres áreas generales de estudio:

1. Los *mecanismos de cifrado* de la información.

2. La *autenticidad* de los procesos emisores y receptores de la información.

3. La *certificación digital* de autenticidad de la información.

Cada una de estas áreas de estudio tiene un objetivo específico que permite interrelacionarlas:

- El objetivo de los mecanismos de cifrado es permitir a un proceso emisor enviar información a un proceso receptor de forma secreta.

- La autenticidad de los procesos emisores y receptores se lleva a cabo mediante mecanismo de autenticación, que tienen por objetivo hacer que tanto receptores como emisores se aseguren de la identidad de su contraparte (emisores y receptores, respectivamente).

- Finalmente, la certificación digital de la información, tiene como objetivo garantizar tanto la autenticidad de la información enviada y recibida, como la de los procesos emisores.

Mecanismos de cifrado

Los mecanismos de cifrado pueden dividirse en tres grandes grupos:

- Los *sistemas de cifrado de clave privada*, también referidos como *criptografía convencional* o *sistemas criptográficos tradicionales*.

- Los *sistemas de cifrado de clave pública* (o PKC por las siglas en inglés de *Public Key Cryptosystem*). Es relativamente frecuente en español, escuchar el reemplazo del término *clave* por *llave*, dando lugar a la denominación *Sistema de cifrado de llave pública*.

- Las *funciones hash* o *algoritmos hash* que no implementan el uso de claves ya que cifran en un solo sentido (no cuentan con funciones de descifrado).

Se comenzará haciendo una breve introducción a los conceptos más básicos de la criptografía, para luego avanzar de forma resumida con los sistemas de cifrado tradicionales, y finalmente, abordar con mayor detenimiento, los sistemas de cifrado de clave pública y las funciones hash.

Conceptos básicos

TEXTO PLANO

Sin perder de vista el concepto de información dado por Claude Shannon, el conjunto de símbolos que componen un mensaje, internamente en el ordenador, es un conjunto de bits, es decir, de señales eléctricas que una vez interpretadas por el ordenador, arrojan como salida un mensaje legible. A ese mensaje legible, en criptografía, se lo conoce como *texto plano*.

CIFRADO

En los sistemas de comunicación donde se requiere transmitir la información de manera segura, los procesos emisores y receptores legítimos no transmiten los mensajes en texto plano, sino que los transforman mediante un método de enmascaramiento cuya función es ocultar el significado del mensaje en texto plano. Al mecanismo de transformación se lo conoce como *cifrado*, y al producto de transformar el

TEXTO CIFRADO

mensaje en texto plano a un mensaje con su significado oculto, se lo conoce como *texto cifrado.*

CLAVE

Para cifrar el texto plano, los procesos emisores y receptores legítimos acuerdan una información secreta conocida como *clave*. Esta clave se utiliza como parte del mecanismo de cifrado para transformar el mensaje en texto plano a un mensaje cifrado.

DESCIFRADO

El proceso de revertir un mensaje cifrado a uno en texto plano, se conoce como descifrado.

ENCRIPTAR VS CIFRAR

Los términos encriptar y cifrar son sinónimos, y ambos términos son igual de válidos y con igual peso léxico y gramatical, según la Real Academia Española.

CIFRADO SIMÉTRICO Y CIFRADO ASIMÉTRICO

Dependiendo de la cantidad de claves que intervengan en el mecanismo de cifrado, el cifrado puede ser *simétrico* (se cifra y descifra con la misma clave) o *asimétrico* (se cifra con una clave pero se descifra con otra).

SISTEMA CRIPTOGRÁFICO

Antes de introducir a cada uno de los mecanismos de cifrado en detalle, se dará una visión general de los mismos a través de una definición formal de un sistema criptográfico. Formalmente, un *sistema criptográfico* se define como una quíntupla (M, C, K, E, D) donde:

M Es el conjunto de todos los mensajes no cifrados (mensajes en texto plano).

C Es el conjunto de todos los mensajes cifrados.

K Es el conjunto de todas las claves.

E Es la función de encriptado (cifrado), determinada por $E: M \to C$.

D Es la función de descifrado, determinada por $D: C \to M$.

Sistemas de cifrado de clave privada

SUSTITUCIÓN Y TRANSPOSICIÓN

Existen dos tipos de operaciones que se llevan a cabo en los sistemas de cifrado convencionales, para cifrar y descifrar un mensaje: operaciones de *transposición*, donde se modifica el orden de los símbolos del mensaje (se transponen) y las operaciones de *sustitución*, donde se sustituyen los símbolos del mensaje por otros.

Entre los cifrados de sustitución más conocidos, se encuentran el *cifrado del César* (atribuible a Julio César), el *cifrado monoalfabético*, y el *cifrado por afinidad*, entre otros.

En el cifrado del César, cada letra del alfabeto se sustituye por la tercera letra por delante. Así a se sustituye por d , b por e , c por f , y así sucesivamente.

```
C I F R A D O
F L I U D G R
```

De esta forma, cualquier cifrado en el que un símbolo alfabético se sustituye siempre por otro como en el caso del cifrado del César, es un cifrado monoalfabético.

En cifrados como el cifrado por afinidad, utilizan un sistema asimétrico con una clave para cifrar y otra para descifrar. En el caso del cifrado por afinidad, la clave de cifrado y la de descifrado se constituyen por un par de enteros basados en la cardinalidad del alfabeto empleado.

La aplicación iterativa de cifrados monoalfabéticos, se utiliza para crear *cifrados polialfabéticos* donde la sustitución a realizar varía conforme la posición del símbolo en el texto original. Ejemplos de cifrados polialfabéticos son el *Cifrado de Vigènere*, el *Cifrado de Vernem*, y la *Libreta de un solo uso*, un cifrado inviolable.

A diferencia de los casos anteriores, en el cifrado por *transposición*, el orden de los símbolos del mensaje original se ve alterado.

Para la transposición de los símbolo se utiliza una clave o frase sin letras repetidas, utilizada para formar columnas y numerarlas de forma tal de respetar el orden de las letras en el alfabeto. Así, si la palabra clave fuese **OSA**, la **A** sería el número 1, la **O** el 2, y la **S** el 3. Estas letras se disponen en columnas y el único propósito de la clave es numerarlas. A continuación, el texto del mensaje original se va disponiendo en filas pero siempre respetando la cantidad de columnas disponibles. El texto cifrado se lee verticalmente, columna por columna, comenzando por la de menor número.

Mensaje original: Nosvemoseljueves
Clave: juego
Mensaje cifrado: ssevevnmjseleoou

J	U	E	G	O
3	5	1	2	4
n	o	s	v	e
m	o	s	e	l
j	u	e	v	e
s				

CIFRADO PRODUCTO

A nivel de hardware, las operaciones de sustitución y transposición son llevadas a cabo por circuitos conocidos como S-Box y P-Box (la p es de *permutation* —permutación en inglés—), respectivamente. Los sistemas criptográficos actuales emplean una mezcla de ambos mecanismos (sustitución y transposición) para crear cifrados más complejos, al combinar ambos circuitos en cascada secuencial. A esto se lo conoce como *cifrado producto*.

CIFRADO DE BLOQUE Y CIFRADO DE FLUJO

El cifrado de la información puede llevarse a la vez, de dos maneras posibles: cifrar los datos en bloques de información de tamaño fijo, o cifrar los datos de entrada de forma continua. A esto se lo conoce como cifrado de bloque y cifrado de flujo, respectivamente.

Sistemas de cifrado de clave pública

Los sistemas de cifrado de clave pública, constituyen los mecanismos de cifrado más actuales, y son considerados más seguros puesto que no requieren de la transmisión de la clave por un canal seguro.

Estos sistemas utilizan la clave pública del receptor para cifrar los mensajes, que luego solo pueden ser descifrados con la clave privada del destinatario (receptor). De esta forma, la clave utilizada para cifrar, es la que se distribuye públicamente y puede ser accesible por cualquier persona, ya que solo sirve para cifrar pero a partir de ella no puede ser inferida la clave privada para descifrar.

Un *sistema criptográfico de clave pública* se compone de una función de cifrado $E_k:M\to C$ y una de descifrado $D_k:C\to M$, y para cada k, satisface las siguientes condiciones:

- D_k es la inversa de E_k. Esto implica que un mensaje M encriptado con la clave E, produce M si se descifra con D, tal que $D(E(M))=M$.

- Computacionalmente no es factible deducir D_k a partir de E_k.

- Si se conoce k debe ser factible computar D_k y E_k.

Se debe tener en cuenta que k en el contexto E_k es la clave pública del destinatario, mientras que k en el contexto D_k, es la clave privada del propio destinatario. Es decir, si A y B son los procesos emisor y receptor respectivamente, A cifra M mediante la clave pública de B (y obtiene C), y B descifra C con su propia clave privada para obtener M. Si el proceso B quisiera retornar un mensaje cifrado al proceso A, debería cifrarlo con la clave pública de A , y cuando A lo reciba, descifrarlo con su propia clave privada.

Lo anterior significa que cada proceso[62] P tiene su propio par de claves $\{E_K, D_K\}$. **RSA** es uno de los sistemas que emplea este mecanismo de cifrado.

RSA

RSA es un algoritmo de cifrado basado en la complejidad de factorizar dos números primos largos p y q . Debe su nombre a la inicial de sus tres descubridores, Rivest, Shamir y Adleman.

En líneas generales, para comenzar el cifrado, el algoritmo RSA elige dos números primos largos, p y q . Calcula $n = pq$ y $z = (p-1)(q-1)$. Selecciona un número primo d relativo a z . Busca un número e que satisfaga $ed = 1 \bmod z$.

Así, la clave pública estará formada por el par (e, n) y la clave privada por el par (d, n) .

Divide entonces el mensaje original (M), en bloques de k bits, donde k es el entero más largo que satisface $2^k < n$. Para cifrar, computa $C = M^e \bmod n$ y para descifrar, $M = C^d \bmod n$.

Funciones Hash

HASH

Las funciones hash (menos conocidas como *funciones de resumen*) son sistemas de cifrado en un único sentido.

---

62   Debe tenerse en cuenta que al hablar de proceso se hace referencia al proceso iniciado por un usuario/a determinado/a, por lo que el par de claves, en definitiva, se supone propiedad de dicho/a usuario/a.

Matemáticamente, esto implica que dado un valor x se obtiene y mediante una función $f(x)$ tal que $y=f(x)$. Sin embargo, computacionalmente no es factible obtener x mediante una función $f(y)$ tal que $x \neq f(y)$.

PROPIEDADES DE LAS FUNCIONES HASH

Una función hash debe satisfacer las siguientes propiedades:

i. Su descifrado no debe ser factible computacionalmente[63], pero sí debe serlo el cifrado. Esto es, dado una función hash h, y un mensaje m, $h(m) \rightarrow c$ es factible pero $h(c) \rightarrow m$ no debe serlo.

ii. No pueden existir dos mensajes diferentes que produzcan el mismo cifrado[64]. Esto es que debe cumplirse $h(m_1) \neq h(m_2)$ si $m_1 \neq m_2$.

iii. Debe producir una salida de longitud fija. Esto es que debe cumplirse $|h(m_1)| = |h(m_2)|$ incluso cuando $|m_1| \neq |m_2|$.

Algunos ejemplos de funciones hash conocidas, son los algoritmos MD4, MD5, SHA1, y SHA512, entre muchos otros.

---

63 Esta característica comienza a verse afectada, aparentemente, por la aparición de ordenadores cuánticos.
64 Esta característica se vio afectada en el cifrado de imágenes con diferencia de 1 bit, bajo un algoritmo de cifrado MD5 el cual se menciona párrafo adelante.

Protocolos de autenticación

Los protocolos de autenticación representan otra de las áreas de estudio de la criptografía, junto a los mecanismos de cifrado. Los protocolos de autenticación tienen por objetivo verificar la autenticidad de los procesos emisores y transmisores en una comunicación.

Es posible encontrar cuatro tipos: los basados en clave secreta compartida, los basados en KDC, Kerberos, y los basados en clave pública.

AUTENTICACIÓN BASADA EN CLAVE PRIVADA COMPARTIDA

Este mecanismo consiste en dos procesos que acuerdan y comparten una clave secreta por un canal seguro, y luego utilizan para reconocerse en ambos sentidos.

En su forma más básica, un proceso A inicia una comunicación con un proceso B, enviando su identidad.

PROTOCOLO DESAFÍO-RESPUESTA

El proceso B responde a A con un desafío R (llámese R_B).

El proceso A, cifra R_B con la clave secreta compartida (llámese K_{AB}), tal que $K_{AB}(R_B)$, y a continuación envía su propio desafío R_A que B deberá retornar cifrado con la misma clave, tal que $K_{AB}(R_A)$. Este protocolo se conoce como **protocolo desafío-respuesta**.

PROTOCOLO DE AUTENTICACIÓN BIDIRECCIONAL ABREVIADO

Este mismo protocolo se puede encontrar en una versión acortada, donde el proceso A, envía su identidad y desafío en un único paso;

B , responde en el mismo paso con su propio desafío y R_A cifrado mediante $K_{AB}(R_A)$, y finalmente, A responde $K_{AB}(R_B)$. A este protocolo abreviado, se lo conoce como **protocolo de autenticación bidireccional abreviado**.

PROTOCOLO DE INTERCAMBIO DE CLAVES DIFFIE-HELLMAN En todo este mecanismo, lo complejo es compartir la clave secreta por un canal seguro. El protocolo destinado a compartir la clave secreta de forma segura, se conoce como **protocolo de intercambio de claves de Diffie-Hellman**, basado, al igual que RSA, en la complejidad de factorización de los números primos.

Los procesos A y B escogen dos números largos x , y y [65] respectivamente, los cuales mantienen en secreto.

El proceso A escoge dos números primos largos n y g donde se satisface que $(n-1)/2$ es también primo.

El proceso A inicia el intercambio de clave enviando al proceso B $(n, g, g^x \bmod n)$.

El proceso B responde a A , con $g^y \bmod n$.

---

65   Léase "ye" para evitar confusiones con la variable i .

El proceso A eleva el número recibido a la potencia x, a fin de obtener $\left(g^y \bmod n\right)^x$, y el proceso B realiza lo propio con la potencia y, tal que sobre $g^x \bmod n$ pueda obtener $\left(g^x \bmod n\right)^y$.

Las leyes de la aritmética modular permiten resolver ambos cálculos $\left(g^y \bmod n\right)^x$ y $\left(g^x \bmod n\right)^y$ como $g^{xy} \bmod n$, por lo que esta se transforma en la llave secreta compartida.

AUTENTICACIÓN BASADA EN UN CENTRO DE DISTRIBUCIÓN DE CLAVES (KDC)

Este protocolo emplea un intermediario de confianza para compartir la clave secreta entre varios usuarios. Cada usuario particular comparte su clave secreta con el centro de distribución. Cuando el proceso A desea iniciar una comunicación con el proceso B, envía al KDC, un mensaje cifrado con la clave secreta que solo ha compartido con dicho KDC, conteniendo la identidad de B y una clave de sesión K_S, tal que $K_A\left(B, K_S\right)$. El KDC comunica al proceso B que A desea entablar una comunicación, para lo que envía a B un mensaje cifrado con la clave secreta que B solo ha compartido con el KDC, conteniendo la identidad de A y la clave de sesión elegida por A, tal que $K_B\left(A, K_S\right)$.

AUTENTICACIÓN BASADA EN KERBEROS

Kerberos es un protocolo de autenticación creado por el MIT[66]. Está basado en una variante del protocolo KDC, denominada *protocolo de autenticación de Needham-Schroeder.* Implementa un grado más de complejidad en la autenticación basado en un sistema de credenciales referidas como tiques, que permiten autenticar usuarios en servidores, y servidores frente a usuarios.

Para un estudio en profundidad de esta tecnología, se sugiere acceder a la documentación oficial ingresando en http://web.mit.edu/kerberos/.

AUTENTICACIÓN BASADA EN CLAVE PÚBLICA

Dados dos procesos A y B los cuáles conocen de antemano sus respectivas claves públicas, un modelo básico de autenticación mutua empleando dichas claves, consiste en los siguientes pasos:

El proceso A selecciona un número aleatorio R_A y lo cifra junto a su identidad empleando la clave pública E_B del proceso B, tal que $E_B(A, R_A)$.

El proceso B elige su propio número aleatorio R_B y una clave secreta K_S. Cifra ambas cosas junto al número aleatorio de A y se los envía, tal que $E_A(R_A, R_B, K_S)$.

Finalmente, el proceso A reconoce al proceso B, cifrando el número aleatorio de

---

66   Sitio Web oficial de Kerberos: http://web.mit.edu/kerberos/

este con la clave secreta propuesta, tal que $K_s(R_B)$.

Se debe tener en cuenta que en los primeros dos pasos, **A** y **B** descifran los mensajes recibidos, con sus propias claves privadas.

Firmas digitales

FIRMA DIGITAL

Una firma digital es un algoritmo matemático que produce una huella virtual única para cada usuario.

Las firmas digitales tienen por objetivo no solo que el proceso que recibe el mensaje firmado digitalmente pueda comprobar la identidad del proceso que lo envía, sino también que el emisor no pueda negar haber enviado el mensaje, y el receptor no pueda alterar el mensaje recibido.

Al igual que los mecanismo de autenticación, las firmas digitales pueden llevarse a cabo mediante clave pública o secreta.

FIRMA DIGITAL MEDIANTE CLAVE SECRETA

Desde un punto de vista general, cuando la firma se lleva a cabo mediante clave secreta, interviene una autoridad de certificación con la que cada usuario comparte su clave privada. Así, el proceso **A** cifra el mensaje con la clave secreta compartida con la autoridad de certificación, quien vuelve a cifrar el mensaje con la clave secreta que comparte con el destinatario, e inserta dentro el mensaje firmado. La composición completa de los mensajes cifrados puede verse en la imagen 47. Allí, t representa la *marca de tiempo UNIX*[67] (*timestamp*), K_A la clave secreta de A compartida con la autoridad de certificación, K_B , la clave secreta de B compartida con la autoridad de certificación, y K_S , el mensaje firmado.

Imagen 47: *Firma digital mediante clave secreta y autoridad de certificación*

FIRMA DIGITAL MEDIANTE CLAVE PÚBLICA

En el caso de la firma digital mediante clave pública, esta asume que la propiedad $D(E(M))=M$ (mencionada en la página 296), también aplica si el mensaje se cifra con D y descifra con E , tal que $E(D(M))=M$.

Llámense E_{KX} y D_{KX} a las funciones que emplean las claves pública y privada

---

67 Una **marca de tiempo UNIX** es un número entero que representa la cantidad de segundos transcurridos desde el 1 de enero de 1970 hasta la fecha representada. Se emplea en ciencias computacionales para representar fechas y realizar diversas operaciones tales como adición y sustracción.

de X , respectivamente.

Así, en el caso $D(E(M))=M$, un mensaje destinado a B es cifrado por A con la clave pública de B , tal que $E_{KB}(M)=C$, y este es descifrado por B con su propia clave privada, tal que $D_{KB}(E_{KB}(M))=M$.

En el segundo caso, un mensaje destinado a B , es cifrado por A con su propia clave privada, tal que $D_{KA}(M)=C$ y descifrado por B con la clave pública de A , tal que $E_{KA}(D_{KA}(M))=M$.

El funcionamiento más básico de este modelo de firma digital, asumiendo dos procesos A (emisor) y B (receptor), consiste en las operaciones descritas a continuación.

Sea S la firma digital del mensaje a certificar por A , se obtiene S mediante el hash del mensaje, y cifrado este con su clave privada, tal que $S=D_{KA}(h(M))$.

A continuación, S es cifrado con la clave pública de B junto al mensaje, tal que $E_{KB}(M,S)=C$ (o de forma extendida, $E_{KB}(M,D_{KA}(h(M)))=C$).

B obtiene el mensaje y la firma digital,

descifrando C con su clave privada, tal que $D_{KB}(C)=(M,S)$.

Para verificar la integridad del mensaje, B procede a descifrar S con la clave pública de A , a fin de obtener el hash del mensaje, tal que $h(M)=E_{KA}(S)$. B procede a computar $h(M)$ y contrastarlo contra $E_{KA}(S)$ y verificar la integridad del mensaje.

En la tabla 53 se comparan los pasos realizados por los procesos A y B . Se debe notar que la clave privada es utilizada solo por el proceso propietario. Mientras un proceso la usa para cifrar, el otro lo hace para descifrar. Mientras tanto, la clave pública siempre es utilizada por el proceso no propietario, en un caso para cifrar, y en otro para descifrar.

Tabla 53: Uso de claves en la firma digital con clave pública

	D_K	E_K
A	$D_{KA}(h(M)) \rightarrow S$	$E_{KB}(M,S) \rightarrow C$
B	$D_{KB}(C) \rightarrow (M,S)$	$E_{KA}(S) \rightarrow h(M)$
	Paso 1	Paso 2

Esteganografía y diferencias con la criptografía

ESTEGANOGRAFÍA   La esteganografía es la práctica que consiste en ocultar información dentro de documentos de apariencia inocente.

Históricamente han existido varias técnicas esteganográficas como la de la escritura en papel con tinta invisible que requiere de químicos para su revelado; o la marcación de caracteres en un documento escrito de forma tal que en su conjunto tengan un significado válido para quien revela el mensaje, entre otras.

Informáticamente, estas técnicas se han adaptado, y algunas de ellas pueden emplear bits innecesarios en un archivo de imagen, por ejemplo, para ocultar los datos críticos.

La **diferencia fundamental entre esteganografía y criptografía**, radica en que mientras la criptografía convierte la información que desea mantener en secreto, la esteganografía la oculta.

Protocolos de seguridad en entornos de red

Para finalizar este capítulo se retomará un tema del capítulo previo sobre redes informáticas, y se marcará la relación que guarda con la criptografía, desde el momento que esta sirve como base para la seguridad de los entornos de red.

A continuación se hará un breve recorrido a modo introductorio de los tres protocolos de seguridad principales en los entornos de red: IPSec, TLS y su antecesor SSL, y finalmente SSH.

Protocolo IPSec (Internet Protocol Security)

IPSEC

IPSec (*Internet Protocol Security*) es un protocolo de seguridad para la capa de red[68], basado en criptografía de clave pública, cuyo objetivo es la protección de comunicaciones en tiempo real, sobre el protocolo IP.

En las comunicaciones en tiendo real, cada proceso se autentica mutuamente, a fin de establecer una clave de sesión que les permita mantenerse autenticados a lo largo de un tiempo de interacción determinado.

IPSec se encuentra definido en las RFC 2401[69].

ASOCIACIÓN SEGURA (SA)

Cuando se establece una comunicación criptográficamente protegida por medio de una clave de sesión establecida entre cada uno de los nodos partícipes en dicha comunicación, se genera una asociación segura (SA, o AS por sus siglas en inglés).

Al ser unidireccional, habrá tantas asociaciones seguras como nodos conectados. Así, dados dos procesos A y B los cuáles han definido una clave de sesión, se establecen dos asociaciones seguras: una en dirección $A \rightarrow B$, y otra en dirección $B \rightarrow A$.

SPI

Las cabeceras de IPSec contienen el valor de la AS en un campo de cabecera denominado SPI (*Security Parameter Index* o índice del parámetro de seguridad).

La estructura del protocolo IPSec implementa a su vez, otros dos protocolos:

---

68   Capa 3 en el modelo OSI.
69   https://datatracker.ietf.org/doc/html/rfc2401

EUGENIA BAHIT. FUNDAMENTOS DE CIENCIAS INFORMÁTICAS PARA EL ABORDAJE DE LA PROGRAMACIÓN

AH	El *protocolo de cabecera de autenticación* (o AH, por las siglas en inglés de *Authentication Header*).
ESP	El *protocolo de carga útil encapsulada* (o ESP, por las siglas en inglés de *Encapsulating Security Payload*).

IPSec permite el intercambio de datos en tiempo real, autenticando y cifrando la información. Para autenticar el origen de los datos emplea el protocolo AH, mientras que para cifrarlos, implementa el protocolo ESP. Con IPSec, los datos pueden ser intercambiados sin autenticación mediante (solo intercambio de datos cifrado), o autenticados antes de ser descifrados (al momento de recibirlos).

IPSec tiene dos modos de funcionamiento: túnel y transporte, que se diferencian, por un lado, por el contenido de los paquetes IP que son cifrados y/o autenticados, y por el otro, por el ámbito en el que la comunicación opera.

MODO TÚNEL	El *modo túnel*, permite la comunicación entre dos redes. En este modo, se cifra el paquete IP completo, lo que requiere modificar la cabecera del paquete y por lo tanto, un nuevo paquete IP encapsulado es generado.
MODO TRANSPORTE	El *modo transporte*, permite la comunicación punto a punto, es decir, entre dos host. En este modo, solo los datos son cifrados dejando las cabeceras del paquete intactas.

Protocolo SSL y TSL

SSL	SSL (*Secure Socket Layer*) es un protocolo de seguridad

TLS	que opera entre las capas de transporte y de aplicación, sobre el protocolo TCP, y por debajo de protocolos como IMAP o HTTP —principal objetivo de SSL—para proveer conexiones cliente-servidor cifradas, y autenticación mutua. En la actualidad, ha sido estandarizado bajo la denominación TLS, siglas de *Transport Layer Security*.
	La versión actual del protocolo, TLS 1.3, se encuentra definida en las RFC 8446[70].

TLS propone un canal de comunicación segura que ofrece tres características:

1) *Autenticación* del lado del servidor (el servidor siempre es autenticado), y opcionalmente, autenticación del lado del cliente.

2) *Confidencialidad* de la información, por medio del cifrado de esta.

3) *Integridad* de los datos, garantizando que una vez hayan sido enviados no sean modificados.

TLS se basa en dos protocolos: un *protocolo de enlace* (o *handshake*), y un *protocolo de registro*.

PROTOCOLO DE ENLACE SSL (HANDSHAKE)	Destinado a facilitar la autenticación de las partes (servidor, y opcionalmente, cliente). Este protocolo, además, define la forma en la que se decide la *suite de cifrado*, y el establecimiento de una clave de sesión compartida.
SUITE DE CIFRADO	Se denomina *suite de cifrado* al conjunto de elementos integrado por el protocolo de intercambio de claves, el cifrado de bloque y

---

70   https://datatracker.ietf.org/doc/html/rfc8446

modo de cifrado, y la función hash del HMAC.

HMAC En criptografía, HMAC se refiere a las siglas de *Hash based message authentication code*, un código de autenticación de mensajes basado en funciones hash, desarrollado para IPSec, y que actualmente forma parte de ambos protocolos (IPSec y TLS), y de otros protocolos como Kerberos.

PROTOCOLO DE REGISTRO SSL Emplea los parámetros establecidos por el protocolo de enlace para proteger la comunicación punto a punto. El protocolo de registro define la forma en la que el tráfico de datos entre ambas partes (cliente y servidor) es dividido en una secuencia de registros individualmente protegidos por unas claves (denominadas *claves de tráfico*) generadas por el protocolo de enlace.

Protocolo SSH

SSH El *protocolo SSH* (*Secure Shell*), cuya arquitectura se encuentra definida en las RFC 4251[71], es un protocolo de seguridad de propósitos múltiples. Para comprender este amplio rango de objetivos para los cuáles SSH puede ser empleado, se debe considerar su arquitectura general basada en tres componentes definidos como protocolos.

---

71 https://datatracker.ietf.org/doc/html/rfc4251

Estos protocolos (componentes) son:

1. *Protocolo de la capa de transporte*, especificado en las RFC 4253[72], provee autenticación a nivel de host, y transporte de datos criptográficamente seguro para garantizar confidencialidad e integridad de los datos transportados.

2. *Protocolo de autenticación*, especificado en las RFC 4252[73], se ejecuta sobre el protocolo de la capa de transporte para proveer autenticación del lado del usuario (autentica al usuario frente al servidor).

3. *Protocolo de conexión*, especificado en las RFC 4254, se ejecuta sobre los protocolos de la capa de transporte y del de autenticación, para proveer un canal criptográficamente protegido, que permita la ejecución remota de comandos, sesiones de inicio interactivas, redireccionamiento[74] de conexiones TCP/IP y X11[75].

---

72 https://datatracker.ietf.org/doc/html/rfc4253
73 https://datatracker.ietf.org/doc/html/rfc4252
74 En el redireccionamiento TCP/IP, aquella solicitud que ha sido recibida, es redirigida hacia otra IP y/o puerto, lo que convierte a este protocolo en un protocolo de propósitos múltiples.
75 X11 se refiere a los entornos X. Un entorno X o servidor X es un programa que permite ejecutar interfaces gráficas de sistemas UNIX/Linux, de forma local. El redireccionamiento X11, hace referencia a esta característica.

BIBLIOGRAFÍA

[0] Bahit, E. (2020). Bases matemáticas de la criptografía asimétrica (1). Hackers & DevelopersTM Blog. https://hackersandevelopers.wordpress.com/2017/08/04/bases-matematicas-de-la-criptografia-asimetrica-1/

[1] Bahit, E (2020). Python para principiantes, edición 2020 (2nd de.). London: EBRC Publisher.

[2] Bansal, P. (2020). Operating Systems (6th ed.). Meerut: Satyendra Rastogi Mitra.

[3] Basu, S. (2016). Parallel and Distrubuted Computing, Architectures and Algorithms (1st ed.). Dheli: PHI Learning.

[4] Basu, S.K. (2013). Design Methods and Analysis of Algorithms (2nd ed.). Delhi: PHI Learning.

[5] Black, P. E. (1999). P. In Dictionary of Algorithms and Data Structures. CRC Press LLC. https://xlinux.nist.gov/dads/HTML/P.html

[6] Brookshear, G. (1993). Teoría de la computación. Lenguajes formales, autómatas y complejidad (1st ed.). Delaware: Addison-Wesley Iberoamericana.

[7] Bunge, M. (1985). Pseudociencia e ideología (1ra ed.). Madrid: Alianza Editorial.

[8] Carena, M. (2019). Manual de matemática preuniversitaria (1st ed.). Santa Fe: Ediciones UNL.

[9] Chomsky, N. (1956). Three models for the description of language. IEEE Transactions on Information Theory, 2(3), pp/ 113–124. https://doi.org/10.1109/tit.1956.1056813

[10]CISA. Understanding Digital Signatures. Cybersecurity & Infraestructure Security Agency (CISA) of the US Government. Recuperado de https://us-cert.cisa.gov/ncas/tips/ST04-018

[11] Copi, I. M. (2014). Introducción a la Lógica (4th ed.). Buenos Aires: Eudeba.

[12] Copi, I. M. (1979). Lógica simbólica (1st ed.). México DF: CECSA.

[13] Courant, R. & John, F. (2001). Introducción al cálculo y al análisis matemático. Vol. 1 (1st ed.). México D.F.: Editorial Limusa.

[14] Cover, T. & Thomas, J. A. (2006). Elements of Information Theory. (2nd ed.). New Jersey: Wiley-Interscience.

[15] Darie, C., & Watson, K. (2003). The Programmer's Guide to SQL (1st ed.). New York: Apress.

[16] Dasgupta, S. (1989). Computer Architecture, A Modern Synthesis. Volume 1: Fundations (1st ed.). Louisiana: John Wiley & Sons.

[17] Dasgupta, S. (1989). Computer Architecture, A Modern Synthesis. Volume 2: Advanced Topics (1st ed.). Louisiana: John Wiley & Sons.

[18] Dasgupta, S. (2016). Computer Science, A Very Short Introduction (1st ed.). New York: Oxford University Press.

[19] De Castro Korgi, R. (2004). Teoría de la computación. Lenguajes, Autómatas, Gramáticas. (1st de.). Bogotá: Universidad Nacional de Colombia.

[20]De Mol, L. (2018). Turing Machines. Stanford Encyclopedia of Philosophy. https://plato.stanford.edu/entries/turing-machine/

[21] Dean, W. (2016). Computational Complexity Theory. Stanford Encyclopedia of Philosophy. https://plato.stanford.edu/archives/win2016/entries/computational-complexity/

[22] Elmasri, R., & Navathe, S. (2017). Fundamentals of Database Systems (7th ed.). India: Pearson India.

[23] Franklin, J. "Discrete and Continuous: A Fundamental Dichotomy in Mathematics," Journal of Humanistic Mathematics, Volume 7 Issue 2 (July 2017), pp. 355-378. DOI: 10.5642/jhummath.201702.18.

[24] Gallardo López, D., Arques Corrales, P. & Lesta Pelayo, I. (2005). Introducción a la teoría de la computabilidad (2nd ed.). San Vicente del Raspeig: Publicaciones de la Universidad Alicante.

[25] Gianella, A. I. (2002). Lógica simbólica Y Elementos de Metodologís de la Ciencia (1st ed.). Buenos Aires: Ediciones Cooperativas.

[26] Gómez, D., & Pardo, L. M. (2015, February 15). Teoría de Autómatas y Lenguajes Formales (para Ingenieros Informáticos). Universidad de Cantabria. https://personales.unican.es/pardol/Docencia/TALF2012.pdf

[27] Gregersen, E. et al. Database. Encyclopædia Britannica. (2020). Recuperado el 19 de septiembre de 2020, de https://www.britannica.com/technology/database.

[28] Gupta, K. (2020). Set Theory and Related Topics (20th ed., pp. 57-86). Meerut: Krishna Prakashan Media ℗ Ltd.

[29] Gupta, M. (2020). Discrete Mathematics (19th de.). Meerut: Satyendra Rastogi Mitra.

[30] Harris, J., Hirst, J. L., & Mossinghoff, M. (2008). Combinatorics and Graph Theory (2nd ed.). New York, Springer Publishing.

[31] Hennessy, J. & Patterson, D. (2012). Computer Architecture, A Quantitive Approach (5th ed.). Dheli: PHI Learning.

[32] Hernández González, F. (2020). Fundamentos físicos de las ciencias informáticas (1st ed.). Londres: Hackers & Developers Press.

[33] Homp, M., Seideman, A., & Gravelle, S. (2021, April 23). Contemporary Mathematics: Introduction to Graph Theory. Open Source Mathematics Textbooks at The University of Nebraska – Lincoln. https://mathbooks.unl.edu/Contemporary/sec-graph-intro.html

[34] Hopcrpft, J., Motwani, R. & Ullman, J. (2001). Introduction to Automata Theory, Languages, and Computation (2nd ed.). Boston: Addison-Wesley.

[35] ITL Education Solutions Limited (2004). Introduction to Computer Science (1st ed.). Nueva Deli: Pearson Education.

[36] Khinchin, A. I. (1957). Mathematical Foundations of Information Theory (1st ed.). USA: Dover Publications Inc.

[37] Kishan, H. (2020). Number Theory (13th ed.). Meerut: Krishna Prakashan Media ℗ Ltd.

[38] Kissel, Z. & Wang, J. (2015). "Appendix D: Base64 Encoding", in Introduction to Network Security (2nd ed.). USA: John Wiley & Sons.
[39] Kulkarni, V. (2013). Theory of Computation (1st ed.). New Dheli: Oxford University Press.

[40] Kumar, A. (2014). Switching Theory and Logic Design (2nd ed.). Dehli: PHP Learning.

[41] Kumar, M. (2020). Cryptography & Network Security (6th de.). Meerut: Satyendra Rastogy Mitra.

[42] Kulkarni, V. (2013). Theory of Computation (1st ed.). New Dehli: Oxford University Press.

[43] Levelt, W. J. M. (1974). An Introduction to the Theory of Formal Languajes (1st ed.). The Netherlands: Mouton Publishers.

[44] Maheshwari, A., & Smid, M. (2019, April 17). Introduction to Theory of Computation. Computational Geometry Lab (Carleton University). https://cglab.ca/~michiel/TheoryOfComputation/TheoryOfComputation.pdf

[45] Mano, M (1993). Computer System Architecture (3rd ed.). New Jersey: Pearson Education.

[46] Mathew, B. Very Large Instruction Word Architectures(VLIW Processors and Trace Scheduling). Universidad del Estado de Pensilvania. Recuperado de https://citeseerx.ist.psu.edu/viewdoc/download?doi=10.1.1.84.1523

[47] McCluskey, E. (2003). Encyclopedia of Computer Science. United Kingdom: John Wiley and Sons Ltd.

[48] Nisan, N. & Schocken, S. (2008). Chapter 5. En The Elements Of Computing Systems (Kindle Edition). Cambridge, Masachuset: MIT Press.

[49] Olivieri, J. (2018). Discrete Mathematics and Algorithms - ICME Refresher Course: Basic graph theory and algorithms. Institute of Computational and Mathematical Engineering - Stanford University. http://stanford.edu/~jolivier/305_refresher_notes/

[50] Rajaraman, V. & Adabala, N. (2015). Fundamentals Of Computers (6th ed.). Deli: PHI Learning.

[51] Real Academia Española. Informática. Diccionario de la Lengua Española (23rd ed.). (2020). Recuperado el 19 September de 2020, de https://enclave.rae.es/recursos/diccionarios/dle/palabras/informática.

[52] Serway, A. & Jewett, J. (2003). Física, Volumen 2 (3rd ed.). Madrid: Thomson Learning.

[53] Shannon, C. & Weaver, W. (1999). The Mathematical Theory Of Communication (1st ed.). Urbana: University of Illinois Press.

[54] Sipser, M. (1997). Introduction to the Theory of Computation (1st ed.). Boston: PWS Publishing Company.

[55] Simmons, G. J. (2016). cryptology. Encyclopedia Britannica. https://www.britannica.com/topic/cryptology

[56] Stallings, W. (2013). Computer Organization And Architecture (9th ed.). New Jersey: Prentice Hall.

[57] Tanenbaum, A. (1996). Computer Networks (3rd ed.). New Jersey: Prentice Hall PTR.

[58] Tanenbaum, A. & Bos, H. (2015). Modern Operating Systems (4th de.). Amsterdam: Pearson.

[59] Turing, A. M. (1937). On Computable Numbers, with an Application to the Entscheidungsproblem. Proceedings of the London Mathematical Society, s2-42(1), 230–265. https://doi.org/10.1112/plms/s2-42.1.230

[60] Wood, D. (1987). Theory of Computation (1st ed.). New York: John Wiley & Son.

ÍNDICE ALFABÉTICO

F

G

ÍNDICE DE IMÁGENES

ÍNDICE DE TABLAS

ÍNDICE DE EJEMPLOS (CÓDIGO FUENTE)